建筑施工特种作业人员安全技术考核培训统编教材

建筑起重机械司机

（物料提升机）

主　编　叶　琦
副主编　伍　广　舒世平

中国劳动社会保障出版社

图书在版编目(CIP)数据

建筑起重机械司机. 物料提升机/叶琦主编. —北京：中国劳动社会保障出版社，2011

建筑施工特种作业人员安全技术考核培训统编教材

ISBN 978-7-5045-9344-3

Ⅰ. ①建… Ⅱ. ①叶… Ⅲ. ①建筑机械：起重机械-技术培训-教材②建筑材料-提升车-技术培训-教材 Ⅳ. ①TH21

中国版本图书馆 CIP 数据核字(2011)第 217002 号

中国劳动社会保障出版社出版发行

（北京市惠新东街 1 号 邮政编码：100029）

出 版 人：张梦欣

*

北京金明盛印刷有限公司印刷装订 新华书店经销

850 毫米×1168 毫米 32 开本 7.875 印张 186 千字

2011 年 10 月第 1 版 2011 年 10 月第 1 次印刷

定价：21.00 元

读者服务部电话：010－64929211/64921644/84643933

发行部电话：010－64961894

出版社网址：http：//www.class.com.cn

内容简介

本书依据《建筑施工特种作业人员管理规定》《关于建筑施工特种作业人员考核工作的实施意见》《建筑起重机械司机（物料提升机）安全技术考核大纲（试行）》和《建筑起重机械司机（物料提升机）安全操作技能考核标准（试行）》的要求编写的，是建筑施工特种作业人员安全技术考核培训教材。

全书内容共分五章，分别介绍了建筑物料提升机司机应掌握的基本理论知识和基本操作技能。主要内容包括基础知识，起重机械基础知识，建筑用物料提升机和物料提升机的使用、保养与管理，物料提升机常见事故隐患与预防措施，相关附录等。

本书从建筑施工物料提升机司机实际需要出发，尽量少讲技术理论，注重实践技能。本书图文并茂，直观明了，通俗易懂，深入浅出，适合建筑施工物料提升机司机安全技术考核培训，也能供高职、中职学生参考使用。

前言

建筑施工是高危行业之一，从事建筑施工的作业人员按照规定分为电工等若干工种，其安全生产管理历来受政府高度重视。所谓建筑施工特种作业人员，是指在房屋建筑和市政工程施工活动中，从事可能对本人、他人及周围设备设施的安全造成重大危害作业的人员。为加强对建筑施工特种作业人员的管理，防止和减少生产安全事故，住房和城乡建设部于2008年先后发布施行了《建筑施工特种作业人员管理规定》（建质［2008］75号）（以下简称《规定》）和《关于建筑施工特种作业人员考核工作的实施意见》（建办质［2008］48号）。根据《建设工程安全生产管理条例》和《安全生产许可证条例》相关规定，建筑施工特种作业人员必须按照国家有关规定经过专门的安全作业培训，并取得特种作业操作资格证书后，方可上岗作业。特种作业人员的安全技术考核培训和管理工作又上了一个新台阶。

目前，建筑施工特种作业人员培训考核工作已经正式开展并取得良好的效果，培训单位和培训人员急需有针对性和实用性的教材。鉴于此，根据住房和城乡建设部颁布的《规定》和《建筑施工特种作业人员安全技术考核大纲（试行）》《建筑施工特种作业人员安全操作技能考核标准（试行）》的要求，我们组织编写了“建筑施工特种作业人员安全技术考核培训统编教材”。本套教材共14种：《建筑施工特种作业安全生产知识》《建筑电工》《建筑焊工》《建筑架子工（普通脚手架）》《建筑架子工（附着升降脚手架）》《建筑起重司索信号工》《建筑起重机械司机（塔式起重机）》《建筑起重机械司机（流动式起重机）》《建筑起重机械司机（施工升降机）》《建筑起重机械司机（物料提升机）》《建筑起重机械安装拆卸工（塔式起重机）》《建筑起重机械安装拆卸工（施工升降机）》《建筑起重机械安装拆卸工（物料提升机）》《高处作业吊篮安装拆卸工》，其中，《建筑施工特种作业安全生产知识》为每个工种必修的基础知识，为通用教材。

本套教材针对建筑施工特种作业人员各工种的安全技术考核培训，紧扣考核大纲和技能操作考核标准，具有科学性、实用性和适用性的特点，内容深入浅出，通俗易懂，图文并茂。本套教材编写过程中，得到了地方建筑工程管理局、相关高职院校、培训单位和企业的专家、学者的积极参与和稿件的审读工作，各书种主编都是具有多年从事建筑特种作业人员培训的授课老师，使教材真正达到“少而精”“实用、管用”。参加本套书组织和编写的人员有：仝茂祥、徐惠、胡世杰、叶琦、伍广、舒世平、黄代高、吴建华、王有志、鲍利、任彦斌、黄小明、程国强、张鸿文、孙超、周冠南、文熠。

由于时间关系，难免有错误和不足之处，欢迎广大的读者批评指正。

编写工作组
2010 年 7 月

目　录

第一章

基础知识

第一节　识图基本知识

一、投影法的基本知识

1．投影法的概念

当光源照射物体时，在地面或墙壁上就会出现物体的影子，这种现象称为投影现象。利用投影现象在平面上表达空间物体的形象的方法称为投影法。

要获得物体在平面上的投影图形，必须具备四个条件，即光源、被投影的物体、投射线和投影面。

在图 1—1 中，把光源抽象为一点 S，称为投射中心。H 为投影面，$\triangle ABC$ 为被投影的物体，点 S 与物体上任意一点的连线称为投射线，如 SA、SB、SC。延长投影线 SA、SB、SC 与投影面 H 相交，其交点 a、b、c 为点 A、B、C 在投影面 H 上的投影，而$\triangle abc$ 就是$\triangle ABC$ 在 H 上的投影。这种用投射线投射物体，在选定投影面上得到物体投影的方法称为投影法。根据投射线是否平行，投影法可以分为中心投影法和平行投影法两种。

（1）中心投影法

投影线汇交于一点的投影方法称为中心投影法。如图 1—1 所示。用中心投影法得到的投影图形不能反映物体的真实形状和大小。工程制图中一般不采用。

（2）平行投影法

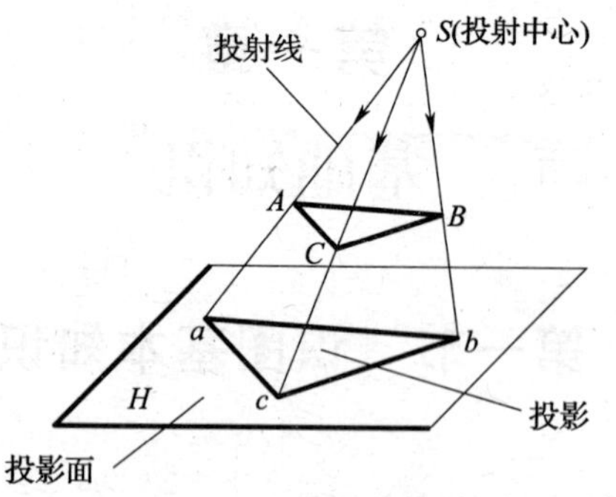

图 1—1　中心投影法

投射线互相平行的投影法称为平行投影法，如图 1—2 所示。根据投射线与投影面所夹角度的不同，平行投影又可分为斜投影和正投影两种。斜投影是投射线与投影面倾斜的平行投影法，如图 1—2a 所示，而正投影则是投射线与投影面垂直的平行投影法，如图 1—2b 所示。其中正投影法具有能够反映物体的真实形状和大小，图形度量性好，便于尺寸标注，作图方便等优点，因此是工程制图国家标准规定采用的基本投影方法。

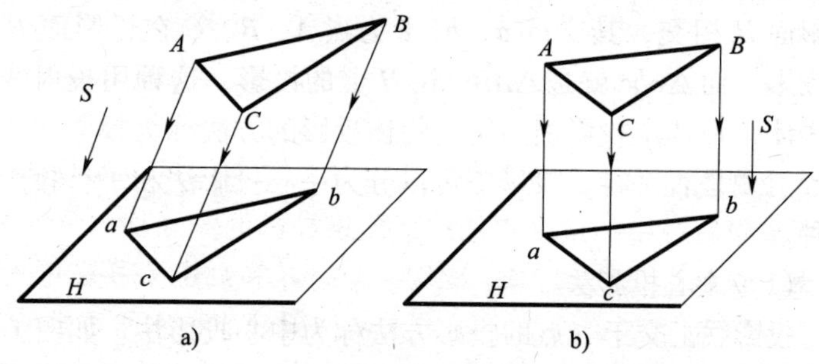

图 1—2　平行投影法

a）斜投影　b）正投影

2. 三视图及其投影规律

在工程制图中，采用正投影法将物体向投影面投射所得到的图形，称为视图，如图 1—3 所示。

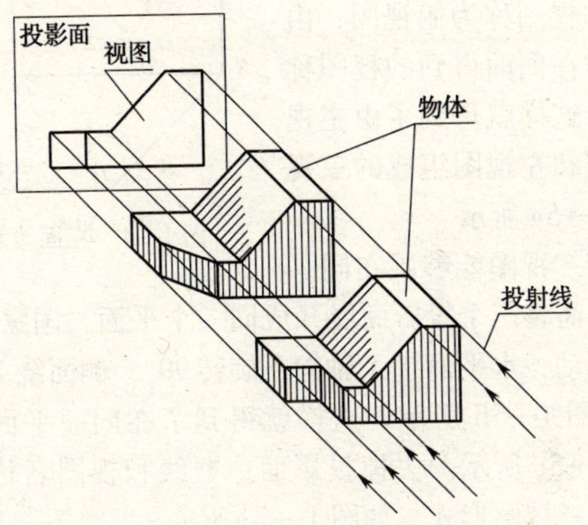

图 1—3　视图的概念

(1) 三视图

从图 1—3 可见，两个不同的物体在同一投影面上的视图相同，这说明仅有一个视图不能准确地反映物体的结构形状。而对同一物体而言，其具有长、宽、高三个方向的尺寸，且各面形状常常又是不同的，所以要完整、准确地表达一个物体的形状和尺寸，必须具有多个不同方向的视图。工程中最常用的是三视图。

三视图由正放在三个相互垂直的投影面体系中的物体，采用正投影所获得的三个视图组成。该投影面体系称为三面投影体系，它由正立投影面 V、水平投影面 H 和侧立投影面 W 构成。正立投影面简称正面或 V 面，水平投影面简称水平面或 H 面，侧立投影面简称侧面或 W 面。三面垂直相交的交线称为投影轴，分别为 X 轴、Y 轴和 Z 轴，三轴的交点 O 称为原点，如图 1—4 所示。

在三面投影体系中，由前向后投射，在正面上得到的视图称为主视图；由上向下投射在水平面上得到的视图称为俯视图；由左向右投射在侧面得到的视图称为左视图。这样就得到了由主视图、俯视图和左视图组成的三视图，如图 1—5a 所示。

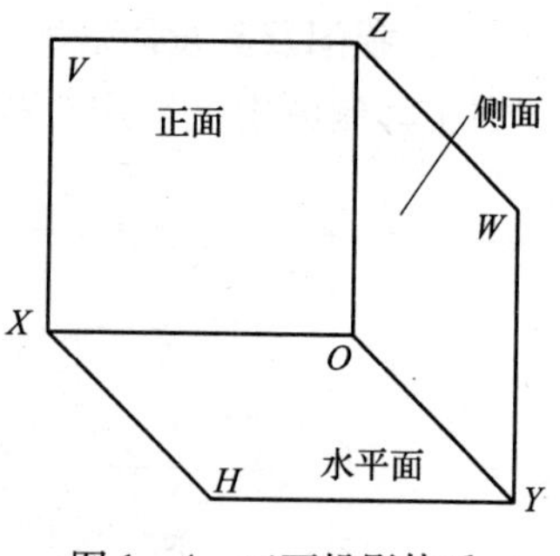

图 1—4　三面投影体系

为了使三视图能够画在同一张图样上，需将三个投影面展开成同一个平面，国家标准规定，正面保持不动，水平面绕 X 轴向下旋转 90°，侧面绕 Z 轴向右旋转 90°，如图 1—5b 所示，这样就得到了在同一平面上的三视图，如图 1—5c 所示。去掉投影面边框线和视图名称后就得到通常所见的三视图形式，如图 1—5d 所示。

（2）三视图的投影规律

在三视图中，主视图、俯视图和左视图三者的位置关系是固定的，不允许改变，即以主视图为准，俯视图在主视图的正下方，左视图在主视图的右侧。主视图反映物体的长度和高度，俯视图反映物体的长度和宽度，左视图反映物体的宽度和高度。因此，三视图之间存在以下的投影规律：主、俯视图长对正；主、左视图高平齐；俯、左视图宽相等。

简单地说就是："长对正、高平齐，宽相等"的"三等"投影规律。需要注意的是，不仅物体的整体要符合三视图的"三等"关系，而且物体上的每一个局部乃至每一个点、线、面都应符合"三等"关系，如图 1—5d 中物体上点 A 的投影。除此以外，三视图还反映物体上、下、左、右、前、后的方位关系，其中：主视图反映物体上、下、左、右四个方位关系；俯视图反映物体前、后、左、右四个方位关系；左视图反映物体上、下、前、后四个方位关系。如图 1—5d 所示。

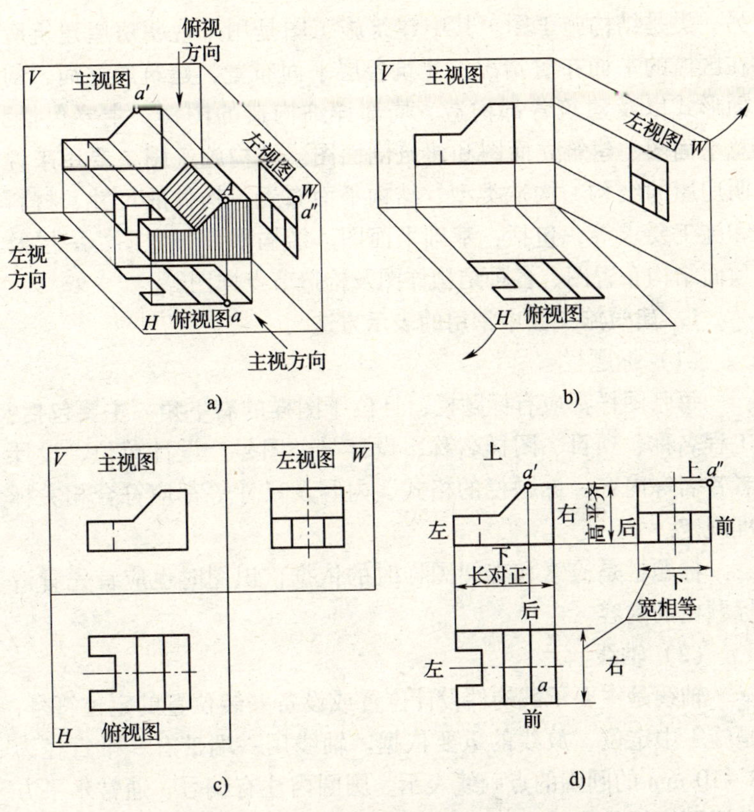

图 1—5　三视图的形成和投影规律

a）物体在三投影面体系中的投影　b）三投影面的展开方法

c）展开后的三视图　d）三视图之间的投影规律

二、建筑施工图一般知识

作为建筑工程施工现场的起重作业人员，看懂施工图，通过施工图了解施工现场的平面布置情况、建筑结构情况等，对起重机械的合理布置、正确安装以及安全顺利地完成起重作业任务是非常重要的。

建筑工程使用的施工图一般分为两类，一类是建筑施工图，另一类是结构施工图。其中建筑施工图是用来说明房屋建筑所在区域的平面布置情况，建筑各层平面布置，建筑的立面、剖面形式以及建筑各部构造、局部详细构造的图样。主要包括：总平面图、建筑立面图和建筑剖面图。结构施工图主要用来说明房屋的结构、构造类型、结构平面布置、构件的尺寸、材料和施工要求等，包括：基础平面图、结构平面布置图、一层及顶面结构布置图、各种结构详图及构造节点详图等。

1．建筑施工图中常用的表示方法

（1）标题栏

每张图样都应有标题栏，且位于图样的右下角。主要包括：工程名称、项目、图样名称、设计号、图号、设计单位、设计者签名等内容。标题栏的格式、内容及尺寸等都应符合相关标准规定。

标题栏是检索和查阅图样时的依据，识图时也应首先看清标题栏的内容。

（2）轴线

轴线是主要承载构件设计位置或设备安装位置的定位符号，是施工中定位、放线的重要依据。轴线用一端带有一个直径为 8～10 mm 的圆圈的点画线表示。圆圈内注有编号，通常水平方向用阿拉伯数字从左向右由小至大顺序标注，垂直方向用大写英文字母由下向上顺序标注，但大写字母 *I*、*O*、*Z* 不得用于轴线标注。

轴线的画法如图 1—6 所示。需要注意的是，轴线并不一定是实体的中心线。

（3）标高

建筑施工图上建筑物各部位的高度，一般用标高表示，符号为▽——。符号下面的横线为某处高度的界限，符号上面的横线用来标注该分界处的高度，单位为米（m），可精确到毫米（mm）。

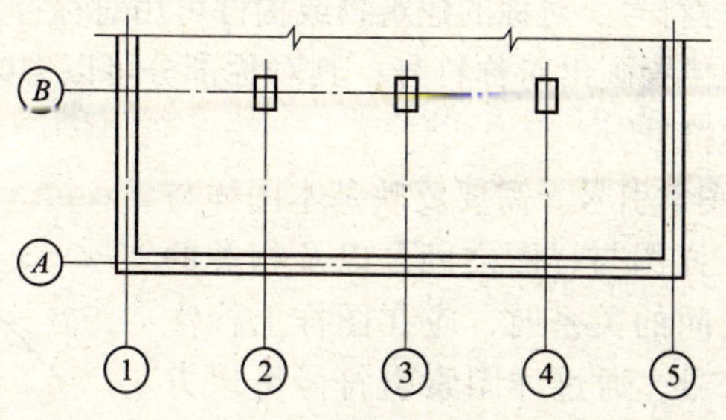

图 1—6　轴线的画法

标高可分别用绝对标高和相对标高来表示。绝对标高是把我国青岛黄海的平均海平面定为标高零点，其他标高均以其为基准。相对标高则是以该建筑物的底层室内地坪为标高的零点，此处标记为 ±0.000 m，高于此处为正，标注时“+”号可以不写，低于此点为负，标高数值前必须注上“-”号。

绝对标高和相对标高的关系应在总平面图或总说明上加以表示和说明。

（4）各种符号

1）剖切符号。剖面的剖切符号由剖切位置及剖切方向线组成，并用粗实线绘制，如图 1—7a 所示。断（截）面剖切符号用剖切位置线表示，并用粗实线绘制，如图 1—7b 所示。

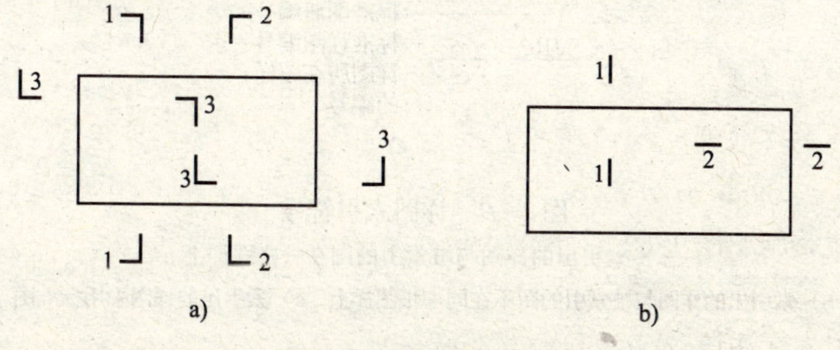

图 1—7　剖切符号

a）剖面剖切符号　b）断（截）面剖切符号

2）对称符号。对称的建筑物或构件可用对称符号表示，即在对称轴的位置画出对称符号，其对称部分可以省略。图 1—8 所示为对称符号。

3）详图索引号。需要反映基本图样与详图之间、详图与详图之间，以及相关的工程图样之间的关系时，应在图样上标注详图索引符号，通过详图索引符号可以方便地查到彼此有关联的图样。常用的详图索引符号有以下几种。

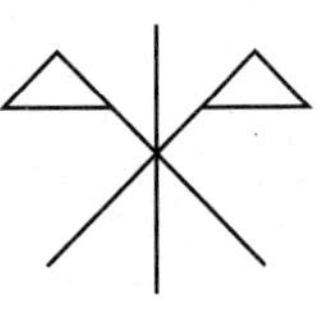

图 1—8　对称符号

①索引出的详图与被索引的图在同一张图样上时，采用图 1—9a 所示的符号表示，在索引符号上半圆中用阿拉伯数字注明详图的编号。

②索引出的详图与被索引的图不在同一张图样上时，应在索引符号的下半圆中用阿拉伯数字注明该详图所在的图样编号，如图 1—9b 所示。

③索引出的详图采用标准图时，应在索引符号水平直径的延长线上加注图册的编号，如图 1—9c 所示。

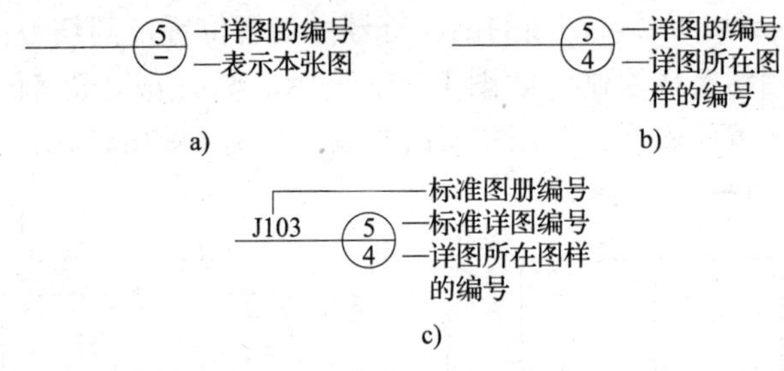

图 1—9　详图索引符号

a）索引出的详图与被索引的图在一张图样上

b）索引出的详图与被索引的图不在同一张图样上　c）索引出的详图采用标准图

标注索引时应注意：

①索引符号用于索引剖面详图时，应在被剖切的部位绘制

剖切位置线，同时以引出线引出索引符号，引出线的一侧应为剖视方向，如图 1—10 所示。

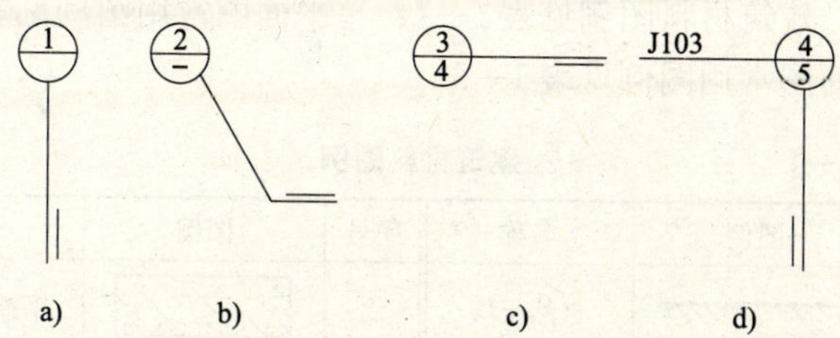

图 1—10　索引符号用于索引剖面详图

a）左剖视　b）下剖视　c）上剖视　d）右剖视

②索引的位置和编号应以直径为 14 mm 的粗实线圆绘制，当详图与被索引的图在同一张图样上时，采用图 1—11a 所示的方法表示；当详图与被索引的图不在同一张图样上时，采用图 1—11b 所示的方法表示。

零件、钢筋、杆件、设备等的编号应以直径为 6 mm 的细实线圆表示，如图 1—11c 所示。

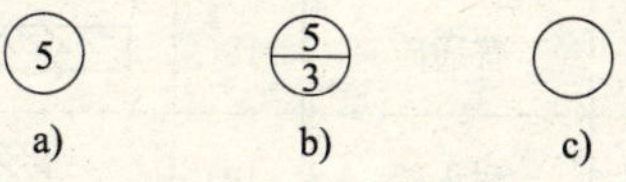

图 1—11　详图的位置和编号

4）引出线。需要对建筑物的某些部位或某些构件在图上加以说明时，应用引出线引出，并辅以文字说明，如图 1—12 所示。

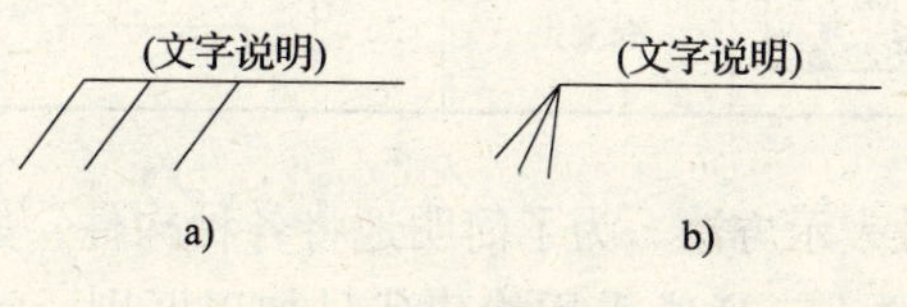

图 1—12　引出线

(5) 图例、代号表示方法

1) 图例表示方法。为了简化建筑施工图，绘图中要采用若干图例。建筑材料图例见表1—1，总平面图常用图例见表1—2，建筑平面图常用图例见表1—3。

表1—1　　　　建筑材料图例

序号	图例	名称	序号	图例	名称
1		自然土壤	12		钢筋混凝土
2		夯实土壤	13		焦渣、矿渣
3		砂、灰土	14		金属
4		砂砾石、碎砖、三合土	15		松散材料
5		天然石料	16		木材
6		毛石	17		胶合板
7		普通砖	18		石膏板
8		耐火砖	19		多孔材料
9		空心砖	20		玻璃
10		饰面砖	21		纤维材料或人造板
11		混凝土	22		防水材料或防潮层

2) 代号表示方法。为了简明地将各种构件，如梁、板、柱等表示在图样上，通常采用构建代号加以区别，常用的构建代号见表1—4。

表 1—2　　　　　　　　总平面图常用图例

名称	图例	说　明
新设计的建筑物		1．比例小于 1∶2000 时，可以不画出入口 2．需要时可以在右上角以点数表示层数 3．用粗实线表示
原有的建筑物		在设计中拟利用者，均应编号说明
计划扩建的预留地或建筑物		用虚线表示
拆除的建筑物		用细实线表示
围墙	a) b)	a）砖石、混凝土及金属材料围墙 b）镀锌铁丝网、篱笆等围墙
坐标	X=105.00m Y=425.00m a) A=131.51m B=278.25m b)	a）测量坐标 b）建筑坐标
原有的道路		
计划的道路		
室内地坪标高	154.20m	

续表

名称	图例	说明
室外整平标高	▼143.00m	
方格网 交叉点标高	-0.50m | 77.85m 78.35m	“78. 35 m”为原地面标高，“77. 85 m”为设计标高，“－0. 50 m”为施工高度，“－”为挖方（“＋”为填方）

表 1—3　　建筑平面图常用图例

名称	图例	名称	图例
底层楼梯	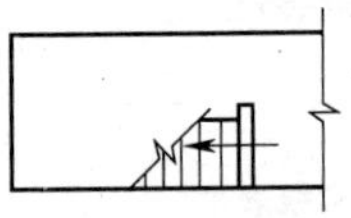	孔洞	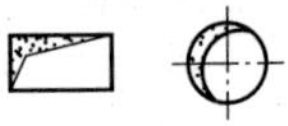
中间层楼梯	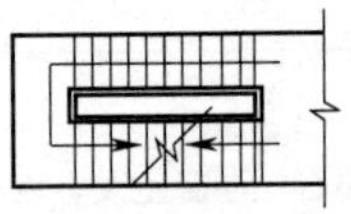	坑槽	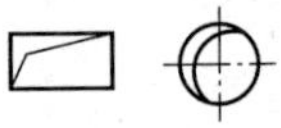
顶层楼梯	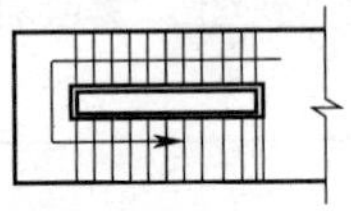	烟道	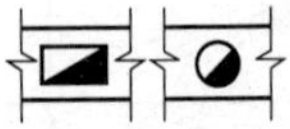
污水池		厕所间	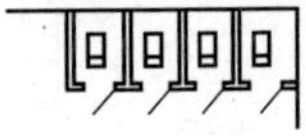
墙上预留洞口	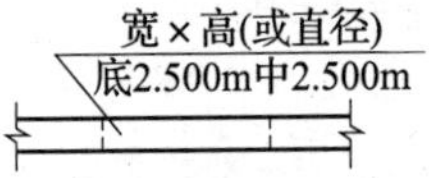 宽×高(或直径) 底2.500m中2.500m	淋浴小间	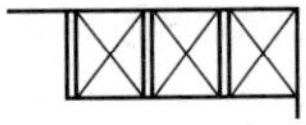
墙上预留槽	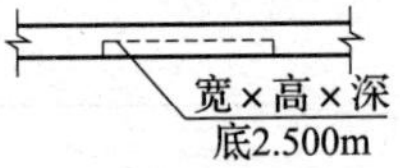 宽×高×深 底2.500m	入口坡道	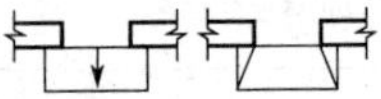
检查孔		小便槽	
高窗	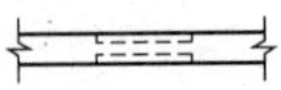	空门洞	

续表

名称	图例	名称	图例
单扇门	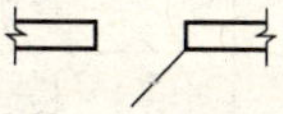	单扇双面弹簧门	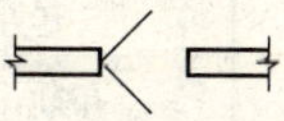
双扇门		通风道	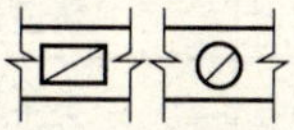
对开折门		双扇平开窗	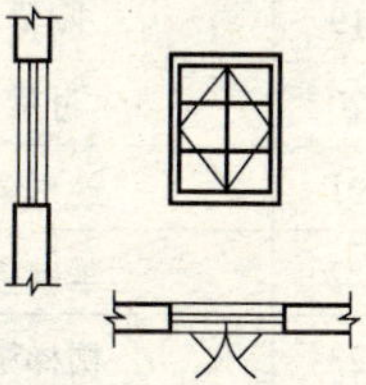
单扇内外开双层门	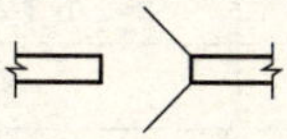	双扇门外开双层门	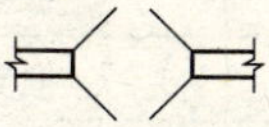
双扇双面弹簧门		上悬窗	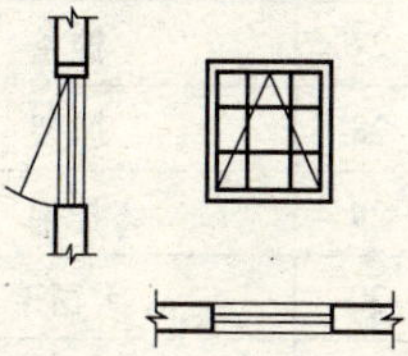

表 1—4　　常用构建代号

序号	名称	代号	序号	名称	代号
1	板	B	8	盖板或沟盖板	GB
2	屋面板	WB	9	挡雨板或檐口板	YB
3	空心板	KB	10	吊车安全走道板	DB
4	槽形板	CB	11	墙板	QB
5	折板	ZB	12	天沟板	TGB
6	密肋板	MB	13	梁	L
7	楼梯板	TB	14	屋面梁	WL

续表

序号	名称	代号	序号	名称	代号
15	吊车梁	DL	35	框架柱	KZ
16	单轨吊车梁	DDL	36	构造柱	GZ
17	轨道连接	GDL	37	承台	CT
18	车挡	CD	38	设备基础	SJ
19	圈梁	QL	39	桩	ZH
20	过梁	GL	40	挡土墙	DQ
21	连系梁	LL	41	地沟	DG
22	基础梁	JL	42	柱间支撑	ZC
23	楼梯梁	TL	43	垂直支撑	CC
24	框架梁	KL	44	水平支撑	SC
25	框支梁	KZL	45	梯	T
26	屋面框架梁	WKL	46	雨棚	YP
27	檩条	LT	47	阳台	YT
28	屋架	WJ	48	梁垫	LD
29	托架	TJ	49	预埋件	M
30	天窗架	CJ	50	天窗端壁	TD
31	框架	KJ	51	钢筋网	W
32	钢架	GJ	52	钢筋骨架	G
33	支架	ZJ	53	基础	J
34	柱	Z	54	暗柱	AZ

(6) 尺寸标注及单位

在工程图样中，尺寸均由数字和单位组成。根据《建筑制图标准》(GB/T 50104—2001) 规定，建筑施工图样中的尺寸单位，在总图中以米 (m) 为单位，其余的尺寸单位均以毫米 (mm) 为单位。为使图样简明，在尺寸标注的数字后面均不写尺寸单位。

常见的尺寸标注有 3 种类型，即长度尺寸、直径及半径尺寸和角度尺寸标注。尺寸标注由尺寸线、尺寸界线、尺寸起止符号（箭头或45°短线）和尺寸数字四部分组成，如图 1—13 所示。

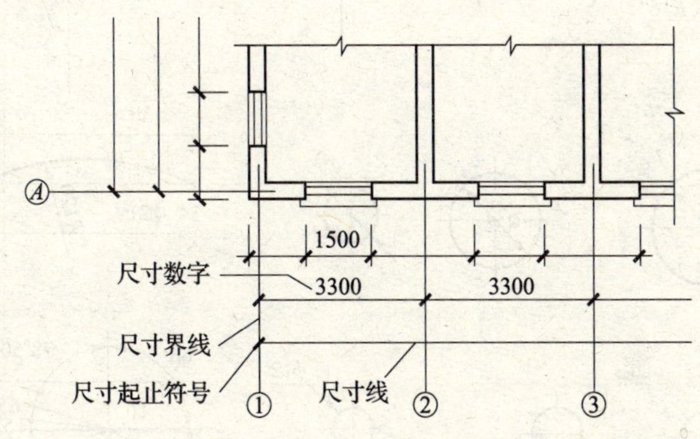

图 1—13　尺寸的组成

尺寸线及所标注的尺寸数字，应当尽量标注在图面轮廓线外；对于格构式结构的单线图，尺寸标注可采取简化方法标注，即将尺寸直接标注在杆件的一侧，如图 1—14 所示。

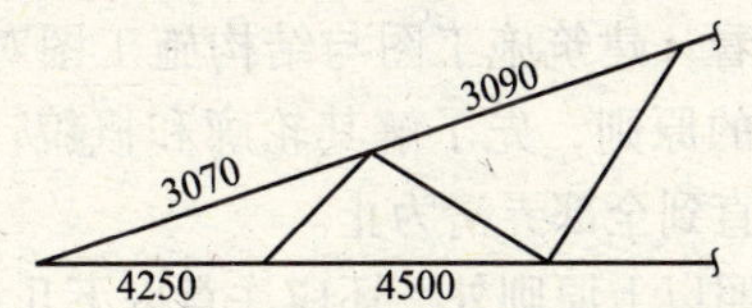

图 1—14　格构式结构单线图尺寸标注

常见的直径、半径和角度的标注方法如图 1—15 所示。

2. 建筑施工图的识读

无论是工业厂房还是高、低层民用建筑，其施工图的内容基本相同。识图时均应先看总的说明，了解建筑概况、技术要求，然后再阅图。阅图一般应按目录顺序，由总平面图、建筑立面图和建筑详图、安装图至建筑结构图。要联系地、综合地看，注意施工中相关方面的彼此衔接，避免造成相互干扰。

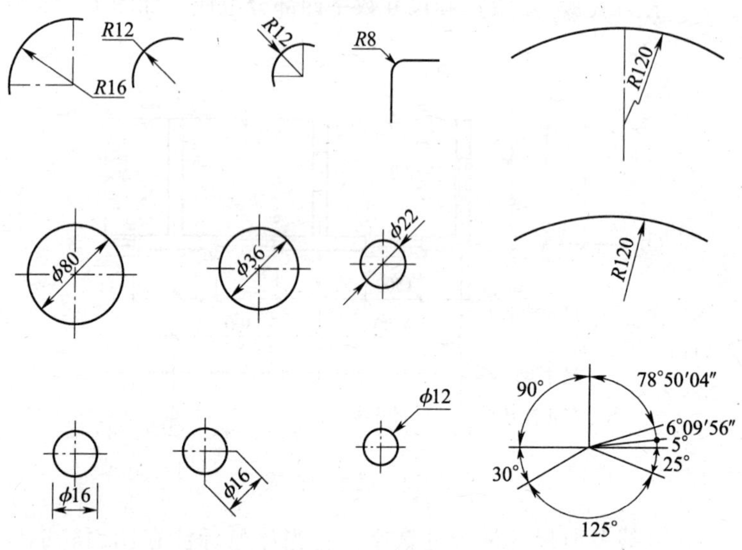

图 1—15　常见的直径、半径及角度的标注方法

识图的基本方法是："由外向里，由大到小，由粗向细看；图样与说明互相看；建筑施工图与结构施工图对着看"。同时，应本着先易后难的原则，先了解其轮廓和概貌，然后再进一步细看，反复熟悉直到全部弄清为止。

识图时除遵照以上原则外，还应注意以下几点：

（1）总平面图上标注的尺寸一律以米（m）为单位。

（2）通过总平面图中的指北针，了解建筑物的方向。

（3）从建筑平面图了解室内外设备和设施的位置及尺寸。

（4）建筑立面图一般不标注尺寸，只标注主要部位的标高。

（5）建筑结构图主要表示建筑物各承重构件的布置、形状、尺寸、材料、构造及其连接方法。起重工应注意其对起重作业的影响。

第二节　力学基本知识

一、力的基本概念

1. 力的定义

力是物体与物体之间的相互作用，其作用效果是使物体的运动状态发生改变或使物体发生形变。在静力学中，只研究力使物体运动状态发生的变化，把物体看成是一个在力的作用下大小和形状都不变的“刚体”。

物体间相互作用的方式，有直接接触的，如吊钩对提升物体的拉力、物体表面间的摩擦力等；也有不直接接触的，如地球对物体的引力以及磁性物体间的吸引力和排斥力等。尽管作用方式不同，但力不能离开物体而单独存在。

2. 力的三要素

实践证明，力对物体的作用效果决定于三个要素，即力的大小、力的方向和力的作用点。三要素中任何一个发生改变时，力的作用效果也将随之改变。

（1）力的大小

衡量力的大小的单位，国际单位制（SI）和我国法定单位制均采用“牛顿”，简称“牛”，符号为“N”，或“千牛”，符号为“kN”，它们之间的换算关系是：$1\ kN = 10^3\ N$。在实际工程中，为了方便，有时也采用工程单位制，在工程单位制中，力的单位是“公斤（千克）力”，符号为“kgf”，或吨力，符号为“tf”。换算关系是：$1\ tf = 10^3\ kgf$。两种单位制之间的换算关系是：$1\ kgf = 9.8\ N$。

（2）力的方向

力的作用效果与力的方向密不可分。例如，要提起一个重物，必须要有向上的力才能克服重力，因为重力总是垂直向下的。

既有大小又有方向的物理量称为“矢量”，显然，力是一个矢量。

(3) 力的作用点

力的作用效果，与力的作用点（线）直接相关。大小相同和方向一致的力，在物体上的作用点不同，其作用的效果也不相同。例如作用在物体上的一个垂直向上的力，如果其作用点在物体的重心上或力的作用线通过物体的重心，则该力的作用效果是可能将该物体提起或顶起；反之，则力的作用效果可能使物体产生翻转。

二、力的基本定律

1. 牛顿第一定律

一切物体在不受任何外力的作用时，总保持匀速直线运动状态或静止状态，直到有外力迫使它改变这种状态为止。这就是牛顿第一定律。

牛顿第一定律表明，一切物体均具有保持原有匀速直线运动状态或静止状态的性质，物体的这种性质称为惯性，所以牛顿第一定律又称为惯性定律。惯性是一切物体固有的属性，无论是固体、液体还是气体，无论是处于运动状态还是静止状态，物体都具有惯性。因此，在起重作业中由于物体惯性所引起的载荷不容忽视。

2. 牛顿第二定律

物体的加速度 a 与物体所受的合外力 F 成正比，与物体的质量 m 成反比，加速度的方向与合外力的方向相同。这就是牛顿第二定律。其数学表达式为：

$$F = ma \qquad (1—1)$$

式（1—1）中合力 F、质量 m 和加速度 a 的单位分别是：牛顿（N）、千克（kg）和米/秒^2（m/s^2）。

牛顿第二定律表明，力是引起物体运动速度改变的原因，同时具有瞬时性和矢量性，即力与加速度同时产生、同时变化、同时消失，加速度的方向由合力的方向决定。

3. 牛顿第三定律

力是物体对物体的作用，这种作用总是相互的。例如 A 物体给 B 物体一个作用力，B 物体也必然给 A 物体一个作用力，两者互为作用力和反作用力。

两个物体之间的作用力和反作用力，总是大小相等，方向相反，同时作用在同一条直线上。这就是牛顿第三定律，也称为作用力与反作用力定律。

作用力和反作用力是两个物体之间的相互作用，因此，它们性质相同，同时出现，同时消失。作用力和反作用力又是分别作用在两个物体上的力，产生的作用不同，不能视为平衡力，不能相互抵消。

牛顿三定律是经典力学的基础。除此以外，人们在长期的生产实践中还总结和概括出了力的一些基本性质和规律，如二力平衡定律、加减平衡力系定律等。

4. 二力平衡定律

物体只受两个力作用而处于平衡状态时，这两个力大小相等，方向相反，作用在同一条直线上，这就是二力平衡定律。这两个力为一对平衡力。图 1—16 所示的被提升物体的自重 G 和提升力 T 就是一对平衡力，它们大小相等、方向相反、作用在同一条直线上，此时物体处于匀速运动状态或静止状态，即平衡状态。

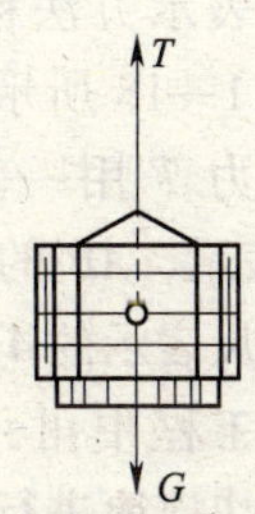

图 1—16　二力平衡

5. 加减平衡力系定律

在任意一个力系上加上或减去任意的平

衡力系，不会改变原力系对物体的作用效果，此即加减平衡力系定律。

6. 力的可传递性

由二力平衡定律和加减平衡力系定律可以得到一个推论：作用在物体上的力，其作用点可以沿其作用线滑移到任何位置而不会改变其作用效果，即力具有可传递性。

图 1—17a 中作用在小车上 A 点的水平推力 F，可以沿其水平作用线平移至 B 点，如图 1—17b 所示，当力作用于 A 点时就是通常所讲的推车，而作用于 B 点时则为拉车，两者作用效果完全相同。

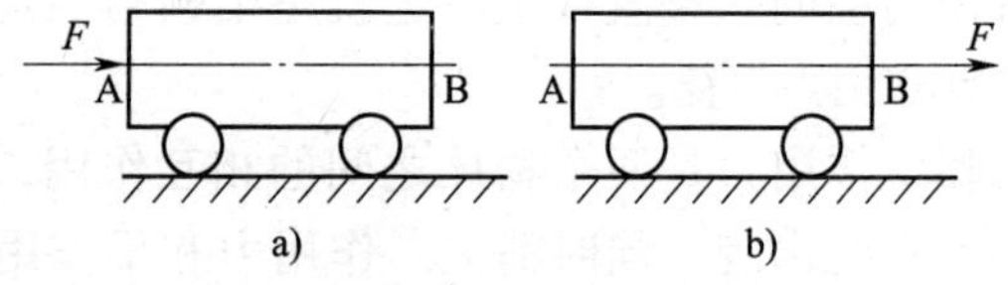

1—17　力的可传递性

三、力的图示法

力可用一段具有一定长度、起点（终点）和箭头的线段来表示，其中线段的长度表示力的大小，箭头方向表示力的方向，起点（终点）表示力的作用点。这种表示方法称为力的图示法。如图 1—18 所示，图中提升重物的拉力 T 用一垂直向上的线段 AB 表示，AB 的长度为按图中力比例尺表示的 4 000 N。

工程中可用力的图示法直观、快捷地进行力的图解分析与计算。

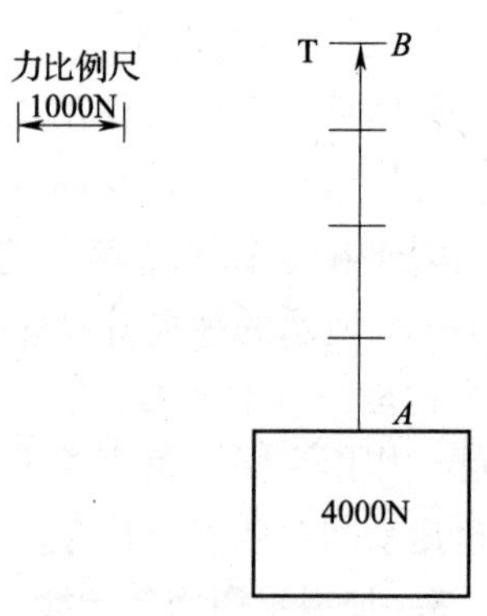

图 1—18　力的图示法

四、受力图

为了便于研究物体的受力情况，通常需要把研究的对象（称其为“受力体”）从周围与其相互作用的物体（称为“施力体”）中分离出来，单独画出受力体的简图，这叫做取研究对象或取分离体，然后在简图上把施力体对研究对象的作用力全部画出来。这种表示物体受力的简明图形称为受力图。图 1—19a 是起吊一个轴类零件的简图，图 1—19b 是分别取吊钩和被起吊的轴为受力体而画出的吊钩和轴的受力图。

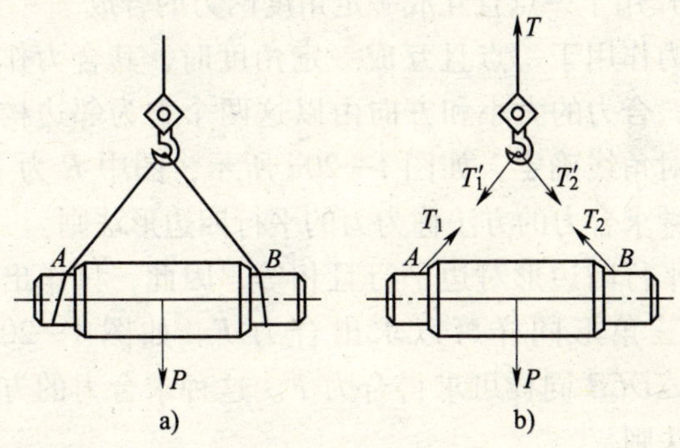

图 1—19　受力图

受力图是解决静力学问题的一个重要手段。

五、力的合成与分解

为了在进行物体的受力分析和计算时更加方便，有时将作用在物体上的若干个力用一个与它们作用效果相同的力来代替，这个等效的力称为那若干个力的合力，求合力的过程称为力的合成。反之，有时也需要将一个力分解为若干个与其作用效果相同的力，这若干个分解出的力称为原有力的分力，求解分力的过程称为力的分解。以下内容只涉及作用在同一平面内力的合成与分解，即平面力系的合成与分解。

1. 力的合成

（1）作用在同一条直线上力的合成

通常情况下，对作用在同一条直线上力的合成可以采取如下方法：规定直线上的某个方向为正方向，与所规定正方向同向的力为正值，与所规定正方向不同向（反方向）的力为负值，作用在直线上的合力即为所有力的代数和，所求结果中，如果结果为正值，那么合力的大小为求和值的大小，力的方向为正方向，如果求和值为负值，那么合力的大小为求和值的绝对值大小，力的方向为负方向。

（2）作用于一点且互成一定角度两力的合成

当两力作用于一点且互成一定角度时，其合力作用在两力的交点上，合力的大小和方向由以这两个力为邻边构成的平行四边形的对角线确定，如图 1—20a 所示，图中 F 为 F_1 与 F_2 的合力。这种求合力的方法称为力的平行四边形法则。

由于平行四边形对边平行且相等，因此，只作出对角线一侧的一个三角形同样可以求出合力 F。如图 1—20b 中采用 $\triangle OAB$ 或 $\triangle OCB$ 同样可求得合力 F。这种求合力的方法称为力的三角形法则。

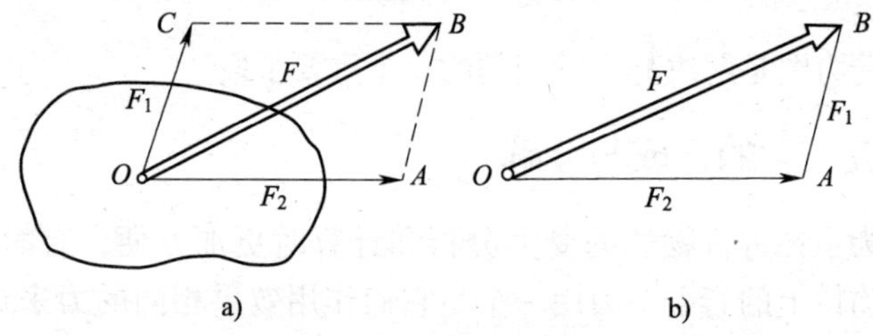

图 1—20　力的平行四边形法则和力的三角形法则

a）力的平行四边形法则　b）力的三角形法则

利用力的平行四边形法则或力的三角形法则求解合力时，可以用图解法或数解法。下面举例说明两种求解的方法。

例 1—1　如图 1—21a 所示，一个固定的吊环，受到两根相互成 α 角的绳索的拉力作用，若其中一根绳的拉力为 F_1 = 20 kN，另一根绳的拉力为 F_2 = 30 kN，求作用在 A 点的两力的合力 F 的大小。

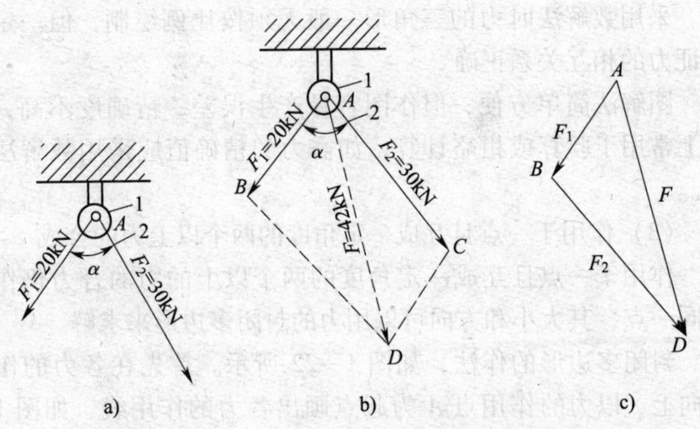

图 1—21　作用于一点互成一定角度两力的合成方法

1—吊环　2—吊索

解：1）图解法

①取力比例尺（本例取 1 cm 表示 10 kN），按图中力的作用方向，以力的作用点 A 为起点，按比例分别画出代表作用力 F_1 和 F_2 的有向线段 AB = 2 cm 和 AC = 3 cm，如图 1—21b 所示。

②在图 1—21b 中画 BD 平行于 AC；CD 平行于 AB，相交于 D 点，连接平行四边形对角线 AD 即为 F_1 与 F_2 的合力 F。

③量出 AD 的长度为 4. 2 cm，由力比例尺换算的合力 F 的大小为 42 kN。

以上作图法是利用平行四边形法则求解，同样可以利用力的三角形法则求解，作图的方法和步骤基本相同，如图 2—21c 所示。

2）数解法。从图 1—21c 中力的三角形关系可以得到，合力 F 的大小可以由余弦定理求得：

$$F = \sqrt{F_1^{\ 2} + F_2^{\ 2} - 2F_1F_2\cos\alpha} \tag{1—2}$$

其中：α 为两力之间的夹角。

采用数解法时力的三角形一般无须按比例绘制，但一定要保证力的相互关系正确。

图解法简单方便，但作图容易产生误差，精确度不高，工程上常用于验算或粗略计算，如需力的精确值应采用数解法计算。

（3）作用于一点且互成一定角度的两个以上力的合成

作用于一点且互成一定角度的两个以上的力的合力仍作用于同一点，其大小和方向可以用力的封闭多边形来求解。

封闭多边形的作法，如图 1—22 所示。首先在各力的作用方向上，以力的作用点 A 为起点画出各力的作用线，如图 1—22a 所示。再在图 1—22a 临近处任取一点 A'，从 A'按平行于 F_1 的方向按比例画有向线段 $A'B$ 等于 F_1，再从 B 点按平行于 F_2的方向按比例画出有向线段 BC 等于 F_2，再从 C 点画出 CD 等于 F_3，从 D 点画出 DE 等于 F_4，最后连接 $A'E$，使之成为封闭的多边形 $A'BCDE$，如图 1—22b 所示，图中 $A'E$ 即为所求四个力的合力 F。

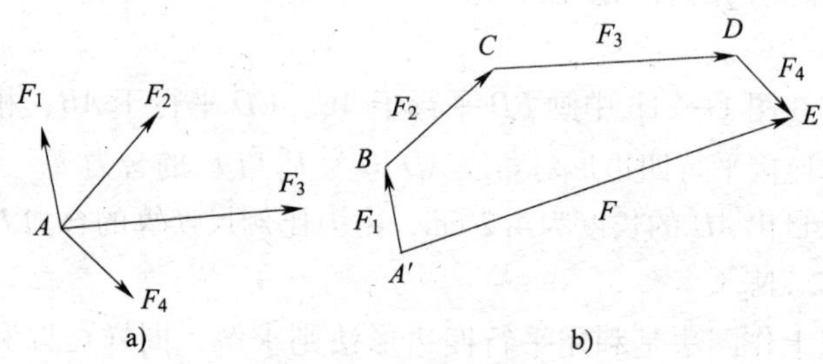

图 1—22　多力作用于同一点力的合成

a）作用于 A 点的多个力　b）作用于 A 点的多力与其合力 F 构成的封闭多边形

按此法可以求解更多的作用于同一点的力（即平面汇交力系）的合力。据此原理既可以用上述图解法求出合力的大小和方向，也可以由几何关系用数解法精确求出合力。

2. 力的分解

用两个或两个以上同时作用在物体上的力来代替已知的一个作用在物体上的力，这种方法称为力的分解。用来代替已知力的若干个力称为分力。求解分力的方法有平行四边形法和三角形法两种。

（1）平行四边形法

平行四边形法是把要分解的力作为平行四边形的对角线，再按分力方向作出平行四边形的两边。这两边即为所求的分力，如图1—23a所示。图中F_1、F_2就是已知力F的分力。

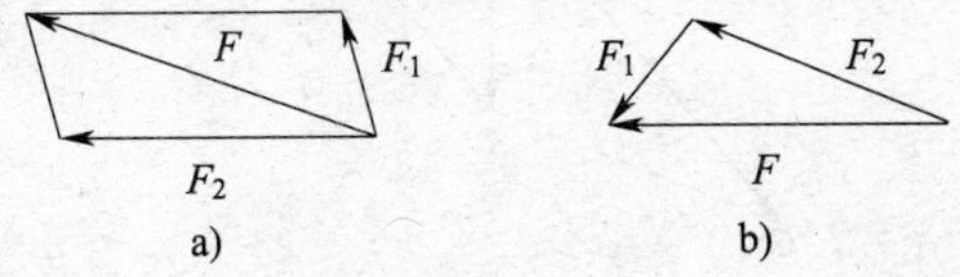

图1—23　力的分解方法

a）平行四边形法　b）三角形法

（2）三角形法

三角形法是将一已知力和已确定方向的分力作成一个封闭三角形，即将被分解的已知力作为封闭三角形的一边，其余两边就是所求的分力，如图1—23b所示。图中F_1、F_2就是已知力F的分力。

将已知力分解为两个分力，不管是用平行四边形法还是三角形法，除了要知道待分解的力的大小和方向外，还必须具备下列三个条件之一才能求解。

1）已知分力中一力的大小和方向。采用封闭三角形法求解，如图1—24a所示。

2）已知两个分力的方向。可用平行四边形法求出两个分力的大小，如图 1—24b 所示。

3）已知两个分力的大小。可用平行四边形法求出两个分力的方向，如图 1—24c 所示。

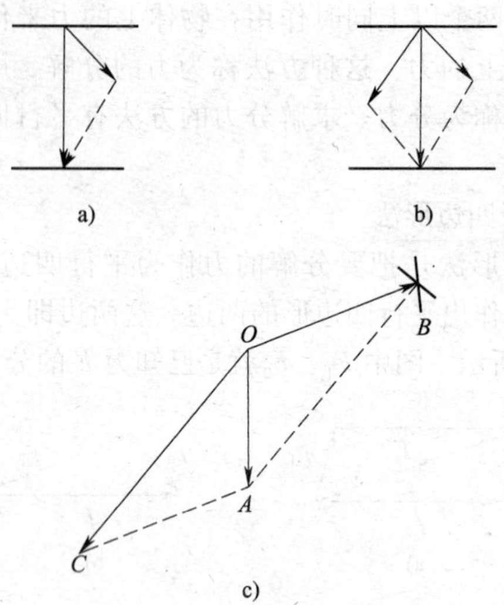

图 1—24　已知合力求分力的方法

例 1—2　已知图 1—25a 所示梁重 $Q=100$ kN，用一对 9 m 长的千斤绳起吊，两根绳一头分别绑在梁的吊耳上，两吊耳间距 BC 为 8 m，求两根千斤绳受力的大小。

解：1）图解法。因为 $AB=AC=9$ m，$BC=8$ m，可以作出等腰三角形△ABC，AB、AC 为绳索的受力方向。取力比例尺为 1 cm＝10 kN，按比例画出吊钩 A 点到 D 点的垂直线 $AD=10$ cm，代表重量 $Q=100$ kN，在 A 点作出平行于绳索受力方向的两条线段 AB 和 AC，通过 D 点画出 DC 和 DB 线段，分别平行于 AB 和 AC，并与两线段交于 B、C 两点，作出平行四边形 $ABDC$，则 AB 与 AC 即为 AD 的分力，测得 $AB=AC=5.6$ cm，则两根千斤绳的受力各为 56 kN，如图 1—25b 所示。

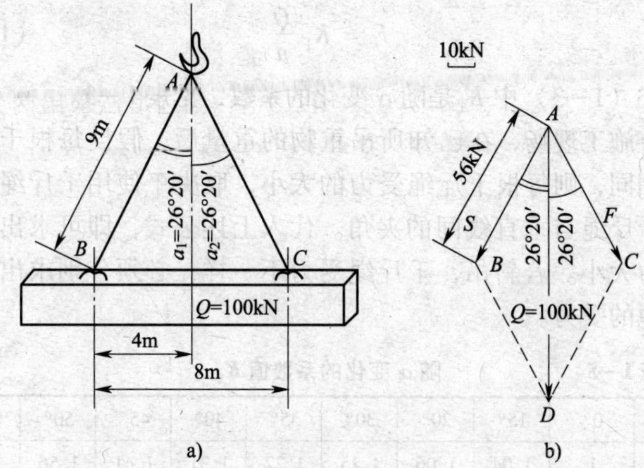

图1—25　求两根千斤绳受力示意图

a）千斤绳使用状况示意图　b）千斤绳受力图解法示意图

2）数解法

在等腰三角形△*ABC*中，$\alpha_1=\alpha_2$，则：

$$\sin\alpha_1 = \frac{4}{9}$$

$$\alpha_1 = 26°20'$$

每根千斤绳所受的力*F*可根据三角形余弦关系求得：

$$F = \frac{Q}{n\cos\alpha_1}$$

式中　*n*——千斤绳的根数，$n=2$；

α——千斤绳与垂直线间的夹角。

查三角函数表知：$\cos 26°20' = 0.897$，代入得：

$$F = \frac{100}{2 \times 0.897} = 55.74\ \text{kN}$$

即每根千斤绳的受力为55.74 kN。

为了计算方便，工程中通常采用简化计算公式。

$$F = \frac{Q}{n\cos\alpha}，令 K_1 = \frac{1}{\cos\alpha},则：$$

$$F = K_1 \frac{Q}{n} \qquad (1—3)$$

式（1—3）中 K_1 是随 α 变化的系数，见表 1—5。

在施工现场，在已知所吊重物的重量后，假设每根千斤绳受力相同，则每根千斤绳受力的大小，取决于使用千斤绳的根数和千斤绳与垂直线间的夹角。代入上述公式，即可求出千斤绳受力大小。若斜吊，千斤绳受力不一样，必须分别求出每根千斤绳的受力。

表 1—5　　随 α 变化的系数值 K_1

α	0°	15°	20°	30°	35°	40°	45°	50°	60°
K_1	1	1.04	1.06	1.15	1.22	1.31	1.41	1.56	2

例 1—3　如图 1—26a 所示，采用 2 根千斤绳吊装重量 Q = 10 000 N 的物品，两绑扎点到重物重心的水平距离分别为 a_1 = 1 m，a_2 = 1.5 m，吊点到绑扎点的高度 h = 2.5 m，求出千斤绳受力 F_1、F_2。

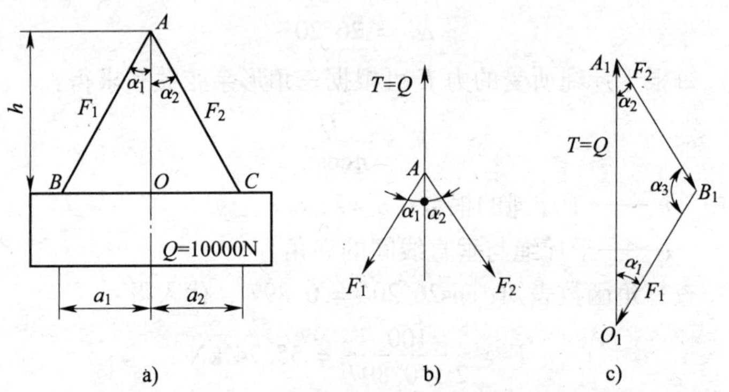

图 1—26　求千斤绳受力示意图

a）2 根千斤绳吊装示意图　b）受力分析图　c）图解法

解：1）图解法。已知 a_1 = 1 m，a_2 = 1.5 m，高度 h = 2.5 m，按比例作出 $\triangle ABC$，如图 1—26a 所示，AB 与 AC 分别是千斤绳

的受力方向；以 A 点为对象作出受力分析图，如图 1—26b 所示；选取力比例尺，按比例作出 O_1A_1，过 A_1 点作 $A_1B_1 /\!/ AC$，过 O_1 点作 $O_1B_1 /\!/ AB$，两线相交于 B_1，如图 1—26c 所示，则 $A_1B_1 = F_2 = 4\ 600$ N，$B_1O_1 = F_1 = 6\ 400$ N。

2）数解法。在 $\triangle AOB$ 中，有：

$$\tan\alpha_1 = \frac{a_1}{h} = \frac{1}{2.5} = 0.4$$

$$\alpha_1 = 21°48'$$

在 $\triangle AOC$ 中，有：

$$\tan\alpha_2 = \frac{a_2}{h} = \frac{1.5}{2.5} = 0.6$$

$$\alpha_2 = 30°58'$$

在 $\triangle A_1B_1O_1$ 中，有：

$$\alpha_3 = 180° - (\alpha_1 + \alpha_2) = 127°14'$$

由正弦定理得：

$$F_1 = \frac{\sin\alpha_2}{\sin\alpha_3} \times Q = \frac{0.514\ 5}{0.796\ 1} \times 10\ 000 = 6\ 463\ \text{N}$$

$$F_2 = \frac{\sin\alpha_1}{\sin\alpha_3} \times Q = \frac{0.371\ 4}{0.796\ 1} \times 10\ 000 = 4\ 665\ \text{N}$$

即图解法所求千斤绳受力分别为 $F_1 = 6\ 400$ N，$F_2 = 4\ 600$ N；数解法求解结果分别为 $F_1 = 6\ 463$ N，$F_2 = 4\ 665$ N。

在上述两例中图解法和数解法计算结果虽然相差不大，但由于图解法受人为因素影响较大，实际应用时，如需要精确计算必须采用数解法。

六、力矩与力偶矩

1. 力矩

力对物体的作用除了可以使物体产生平动以外，还可以使物体产生转动，如用扳手拧螺母，用钉锤起钉子，用杠杆撬动重物等，如图 1—27 所示。

力对物体作用的转动效果与作用力的大小以及力的作用线到转动中心的垂直距离有关。力的大小与力的作用线到转动中心的垂直距离的乘积称做力对点的力矩，简称“力矩”，把转动中心称为矩心，把力的作用线到矩心的垂直距离称为力臂。若用 M 代表力矩，F 代表作用力，L 代表力臂，则：

$$M = \pm F \times L \tag{1—4}$$

式中　M ——力矩，N · m 或 kN · m；

　　　F ——作用力，N 或 kN；

　　　L ——力臂，m。

a)

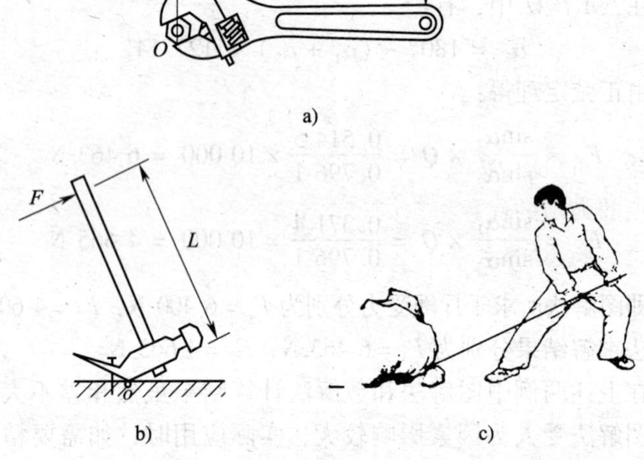

b)　c)

图 1—27　力矩的概念

a）扳手拧螺母　b）钉锤起钉子　c）杠杆撬重物

式（1—4）中“±”说明力矩的转向，一般规定，力使物体绕矩心作逆时针方向转动时，力矩取“+”，反之取“-”。特别地，当力的作用线通过矩心 O 时，力矩为零。力对任意一点的力矩，不因该力沿其作用线移动而改变。

2. 合力矩定理

以弯柄扳手为例（见图 1—28），作用于 A 的作用力 F，其作用线垂直于 O、A 两点连线。若将 F 分解为图示的两个正交分力 F_1 和 F_2，其距矩心 O 的垂直距离分别为 a 和 b。不难证明，力 F 对 O 点的力矩与其分力 F_1 和 F_2 对 O 点的力矩是相等的，即 $M_O = F_1 a + F_2 b$。

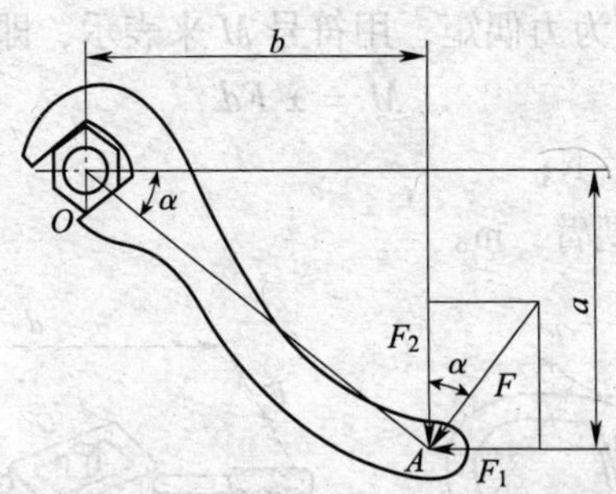

图 1—28　弯柄扳手上力矩的计算

合力对平面内任意一点（O）的力矩等于该力系中各分力对同一点的力矩的代数和，这就是合力矩定理。其数学表达式为：

$$M_O(F) = M_O(F_1) + M_O(F_2) + \cdots + M_O(F_n) \quad (1—5)$$

或

$$M_O(F) = \sum_{i=1}^{n} M_O(F_i) \quad (1—6)$$

式（1—5）和式（1—6）中：F 为 F_1、$F_2 \cdots F_n$ 的合力。

若物体处于平衡状态，则物体上任意一点的合力矩为零，即：

$$M_O(F) = 0$$

或

$$M_O(F) = \sum_{i=1}^{n} M_O(F_i) = 0$$

利用式（1—5）和式（1—6）求某力矩时，不便求解，通常可将力进行正交分解，分别求出分力的力矩，然后求其代数和，即可求出合力矩。

3. 力偶与力偶矩

如图1—29所示，汽车司机用双手转动方向盘，钳工用丝锥扳手攻螺纹等，这是力的另外一种作用形式，它们具有一个共同点，即作用在物体上的力是由大小相等、方向相反、力的作用线相互平行（不共线）的两个力组成。这种由等值、反向、平行的两个力组成的力系就称为力偶。力偶只能使物体转动，而不能发生位移。一般用力与力偶臂的乘积来衡量力偶的作用效果。此乘积称为力偶矩，用符号 M 来表示，即：

$$M = \pm Fd \tag{1—7}$$

式中 F——力，N；

d——力偶臂，m。

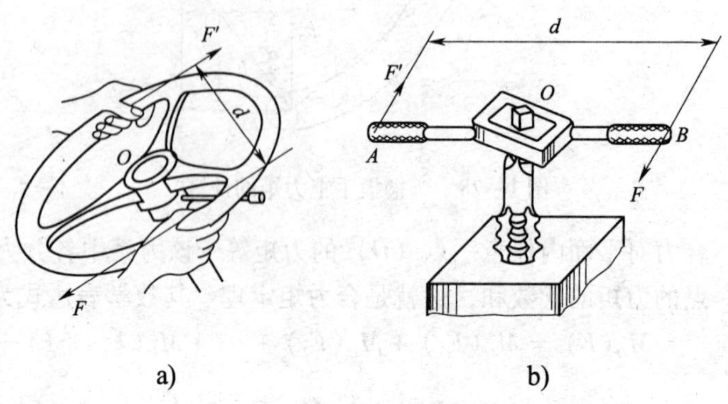

图1—29 力偶的概念

式（1—7）中“±”的规定与力矩的规定相同，而力偶臂 d 则是两力之间的垂直距离。

在同一平面内若同时作用有几个力偶，这几个力偶可以合成为一个合力偶，但力偶不能合成为力。合力偶矩等于各个分力偶矩的代数和，即：

$$M = \Sigma M_i \tag{1—8}$$

平面力偶系的平衡条件是合力偶矩等于零。即：

$$M = \Sigma M_i = 0 \tag{1—9}$$

七、力的平衡

力的平衡是指物体在两个或两个以上力的作用下，物体保持静止或原有匀速直线运动状态不变，此时作用在物体上的合力等于零，即作用在物体上的所有外力处于平衡状态。研究力的平衡的目的是：已知作用在物体上的两个力或两个以上的力处于平衡状态，运用力学的分析方法，由已知力去求得作用在物体上的未知力。

1. 平面汇交力系的平衡

如果作用在物体上的所有力均位于同一平面内，且作用线交汇于一点，则构成了平面汇交力系。平面汇交力系可以合成为一个合力。把一个力沿直角坐标轴分解成两个互相垂直的分力 F_x 和 F_y，同时规定，当从力的始端投影点到末端投影点的方向与投影轴的方向一致时，力的投影为正；反之，则取力的投影为负，如图 1—30 所示。在图 1—30a 中 F_x 和 F_y 均为正值，在图 1—30b 中 F_x 和 F_y 均为负值。根据上述规定，若已知力 F，求其投影 F_x 和 F_y 可用下列两式计算：

$$F_x = \pm F\cos\alpha \tag{1—10}$$

$$F_y = \pm F\sin\alpha \tag{1—11}$$

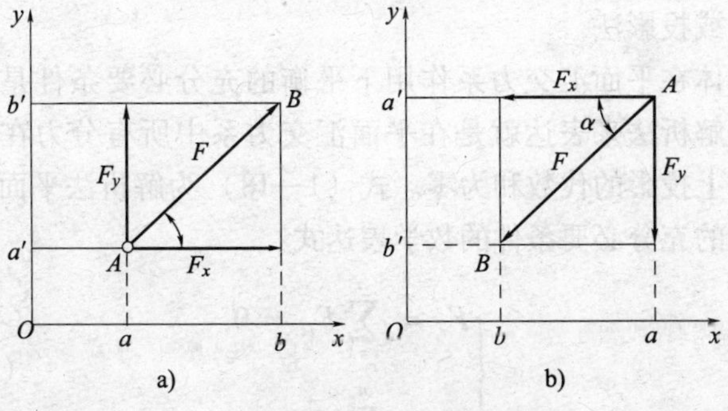

图 1—30　力的投影

a）力的正投影　b）力的负投影

反之，若已知力 F 在 X 和 Y 坐标轴上的投影 F_x 和 F_y，则力 F 的大小和方向可由下式计算：

$$F = \sqrt{F_x^2 + F_y^2} \tag{1—12}$$

$$\tan\alpha = \frac{|F_y|}{|F_x|} \tag{1—13}$$

由于合力 F 在任一坐标轴上的投影，等于各分力在同一坐标轴上投影的代数和，即：

$$F_x = \sum_{i=1}^{n} F_{ix} \tag{1—14}$$

$$F_y = \sum_{i=1}^{n} F_{iy} \tag{1—15}$$

式（1—14）和式（1—15）中，F_x 和 F_y 分别代表合力 F 在 X 轴和 Y 轴上的投影，F_{ix} 和 F_{iy} 分别代表第 i 个分力 F_i 在 X 轴和 Y 轴上的投影。所以平面汇交力系合力 F 的大小和方向为：

$$F = \sqrt{F_x^2 + F_y^2} \tag{1—16}$$

$$\tan\alpha = \frac{|F_y|}{|F_x|} \tag{1—17}$$

以上在直角坐标系中，利用式（1—14）、式（1—15）、式（1—16）和式（1—17）求合力的方法称为平面汇交力系合成的解析法或投影法。

物体在平面汇交力系作用下平衡的充分必要条件是合力为零。用解析法来表达就是在平面汇交力系中所有分力在两正交坐标轴上投影的代数和为零。式（1—18）为解析法平面汇交力系平衡的充分必要条件的数学表达式：

$$\begin{cases} F_x = \sum_{i=1}^{n} F_{ix} = 0 \\ F_y = \sum^{n} F_{iy} = 0 \end{cases} \tag{1—18}$$

式（1—18）是平面汇交力系平衡方程组，两个方程必须同时成立，物体才能处于平衡状态。由此平衡条件可以求解两个未知量。

2. 平面一般力系的平衡

在工程实际中，经常遇到作用在物体上的各力的作用线在同一平面内，但它们既不相交于一点，也不相互平行，这样的力系称为平面一般力系。物体在平面一般力系作用下平衡的充分必要条件是：

$$\begin{cases} F_x = \sum_{i=1}^{n} F_{ix} = 0 \\ F_y = \sum_{i=1}^{n} F_{iy} = 0 \\ M_O = \sum_{i=1}^{n} M_{iO} = 0 \end{cases} \qquad (1—19)$$

式（1—19）这组方程称为平面一般力系的平衡方程。由该方程可以看出，物体在平面一般力系作用下只有力系中所有各力在其作用平面内两个正交坐标轴上的投影的代数和都为零，同时所有各力对任意一点的力矩的代数和也为零时，物体才处于平衡状态。

在应用式（1—19）解题时，为使计算简化，应尽可能将力矩中心（O 点）选在多个未知力的交点上，坐标轴也应尽可能选得与该力系中多数未知力的作用线平行或垂直。

3. 平面平行力系的平衡

如果作用在物体上的各力的作用线在同一平面内，且相互平行，这样的力系称为平面平行力系。平面平行力系是平面一般力系的特殊情况。若取 Y 轴与力的作用线平行，X 轴与力的作用线垂直，则平面平行力系的平衡方程如下：

$$\begin{cases} F_y = \sum_{i=1}^{n} F_{iy} = 0 \\ M_O = \sum_{i=1}^{n} M_{iO} = 0 \end{cases} \qquad (1—20)$$

在平面平行力系中，由于各力的作用线均与 X 轴垂直，它们在 X 轴上的投影均为零，所以无论力系是否平衡，在 X 轴方向上 $F_x = \sum_{i=1}^{n} F_{ix} = 0$ 始终成立，因而在方程组中不必列出。由此可见式（1—20）只是式（1—19）的特殊情况。

八、杠杆原理

1. 杠杆的概念

在起重运输作业中，有时为了移动或撬起重物，常采用圆钢棒或木杠，将其一端放在重物下面，再在杠的适当部位垫上支撑物，然后用力压杠的另外一端，圆钢棒或木杠就会绕着支点旋转，从而使重物移动或将其撬起。物理学把在力的作用下可以绕固定点转动的杠叫做杠杆，必须注意的是，杠杆首先必须是一“坚硬物体”。在一个杠杆系统中，一般包括以下 5 个要素：动力、阻力、动力臂、阻力臂和支点，其中：

动力：驱使杠杆转动的力，可用 F_1 表示。

阻力：阻碍杠杆转动的力，可用 F_2 表示。

动力臂：支点到动力作用线的垂直距离，可用 L_1 表示。

阻力臂：支点到阻力作用线的垂直距离，可用 L_2 表示。

支点：杠杆的固定点，可用 O 表示。

2. 杠杆原理

杠杆原理也称为“杠杆平衡条件”，它是指当杠杆平衡时，作用在杠杆上的两个力的大小与它们的力臂成反比。即：动力×动力臂 = 阻力×阻力臂，用代数式可表示为：

$$F_1 \times L_1 = F_2 \times L_2$$

在实际生活中，例如要撬动或移动某一重物，那么根据杠杆原理，可以表示为重物的重量 Q（阻力）乘以重心到支点的距离（阻力臂）等于作用于杠杆上的力 F（动力）乘以力的作用点到支点的距离（动力臂），即：

$$Q \times L_1 = F \times L_2 \tag{1—21}$$

式中 Q—— 重物的重量，N；

L_1—— 阻力臂，m；

F—— 作用力，N；

L_2—— 动力臂，m。

3. 杠杆的分类

按支点、动力作用点和阻力作用点相互位置不同，杠杆可分为三类，如图 1—31 所示。

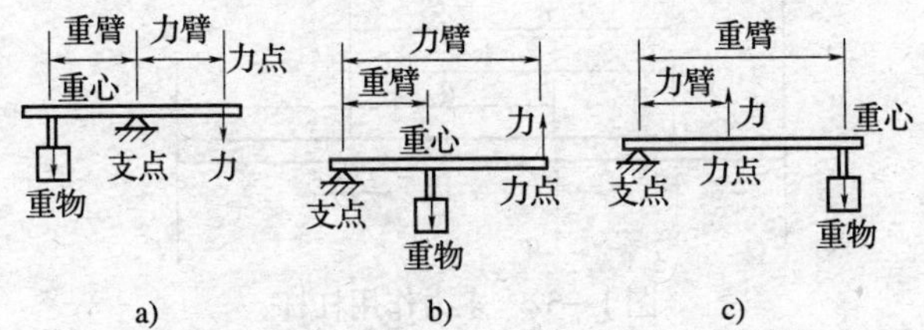

图 1—31　杠杆的种类

a）支点在力点和重心之间的杠杆　b）重心在力点和支点之间的杠杆　c）力点在重心和支点之间的杠杆

第一类：支点在动力作用点和阻力作用点之间的杠杆，如图 1—31a 所示。此类杠杆既可能省力，也可能费力，主要由支点的位置决定，或者说由力臂的长度决定，当 $L_1 > L_2$ 时，为省力杠杆，当 $L_1 < L_2$，为费力杠杆。如：跷跷板、剪刀、船桨等。

第二类：阻力作用点在动力作用点和支点之间的杠杆，如图 1—31b 所示。由于动力臂始终大于阻力臂，因此为省力杠杆。例：坚果夹子、门、扳手、开（啤酒）瓶器等。

第三类：动力作用点在阻力作用点和支点之间的杠杆，如图 1—31c 所示。由于阻力臂始终大于动力臂，因此为费力杠杆。例：镊子及鱼竿、锹和球棍等以一手为支点，一手为动力的器械。

在实际应用中，应根据现场实际需要的不同，分别选择使用费力杠杆或省力杠杆。费力杠杆要花费更大的动力克服阻力，但是它可以缩短动力的移动距离，在空间有限的工作场所或动力足够驱动阻力的情况下，可以选择此种杠杆类型。省力杠杆可以用较小的动力克服较大的阻力，也即起到“四两拨千斤”的效果，但是它的缺点是必须使动力移动较长的距离。

在计算多力作用杠杆时，如图 1—32 所示，可以用以下公式计算：

$$F \times x = W \times a + P \times b + Q \times c \qquad (1—22)$$

杠杆原理在起重作业中应用非常普遍，起重工应熟练掌握。

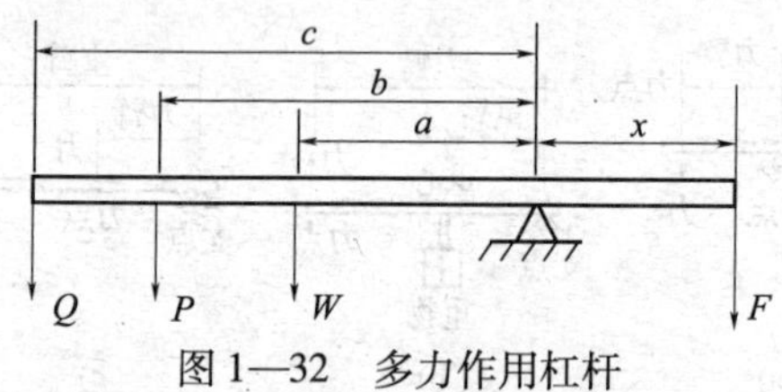

图 1—32　多力作用杠杆

九、物体的质量、重量、重心和惯性

1. 质量和重量

物体的质量和重量是两个不同的物理量，质量表示物体所含物质的多少和惯性大小，是物体的固有属性，是一个只有大小没有方向的恒量，质量的计量单位是 kg（千克或公斤）、t（吨）等。

重量是指地球对物体的吸引力，故又称重力，同一物体在地球的不同地方其重量也不一样，同时它还具有方向性，且其方向总是垂直向下的。重量的计量单位是 N（牛）、kN（千牛）等。质量和重量的关系如下：

$$G = mg \qquad (1—23)$$

式中 G——重量，N；

m——质量，kg；

g——重力加速度，m/s^2，通常取 $g = 9.8\ m/s^2$。

物体质量的大小可由下式求得：

$$m = \rho V \quad (1—24)$$

式中　m——物体的质量，kg；

V——物体的体积，m^3；

ρ——物体的密度，kg/m^3。不同材料的密度可以通过查相关的手册获得。

例 1—4　求一块厚度为 12 mm，长 3 m，宽 1. 5 m 的钢板的重量。

解：1）钢板的体积

$$V = 3 \times 1.5 \times 0.012 = 0.054\ m^3$$

2）钢板的质量，通过查表知：钢的密度 $\rho = 7.85\ t/m^3$

$$m = \rho \times V = 7.85 \times 1000 \times 0.054 = 423.9\ kg$$

3）钢板的重量，取 $g = 9.8\ m/s^2$

$$G = mg = 423.9 \times 9.8 = 4154.22\ N$$

答：该钢板的重量为 4154. 22 N。

例 1—5　求一直径 $\phi = 426$ mm，壁厚 $\delta = 18$ mm，长度为 5 m的钢管的重量。

解：1）钢管的体积

$$V = \left[\pi \times \left(\frac{426}{2}\right)^2 - \pi \times \left(\frac{426 - 18 \times 2}{2}\right)^2\right] \times 10^{-6} \times 5$$

$$= 0.115\ 3\ m^3$$

2）钢板的质量，通过查表知：钢的密度 $\rho = 7.85\ t/m^3$

$$m = \rho \times V = 7.85 \times 1\ 000 \times 0.115\ 3 = 905\ kg$$

3）钢板的重量，取 $g = 9.8\ m/s^2$

$$G = mg = 905 \times 9.8 = 886\ 9\ N$$

答：该钢管的重量为 886 9 N。

2. 重心

任何一个物体都可以看成是由许多小微块组成的，每一个小微块都要受到重力的作用。从效果上看，可以把每一个小块受到的重力等效成一个集中作用于一点的合力，这一点就叫做物体的重心。

物体重心的位置直接影响物体摆放、搬运和吊装时的平衡和稳定，所以在起重作业中了解重心的位置十分重要。一个物体不论放在什么地方，放置方位如何，它的重心位置都不会改变。

质量均匀，形状简单、规则的物体的重心与其几何中心重合。例如：

（1）粗细均匀的棒的重心在其全长的二分之一处截面的中心。

（2）薄圆板和圆环的重心在圆心处。

（3）正多边形薄板的重心在它的内切圆或外接圆的圆心处。

（4）正方形、长方形、平行四边形薄板的重心在它们的对角线交点处。

（5）三角形薄板的重心在它的三根中线交点处。

（6）球体的重心在它的球心处。

质量均匀，由多个简单有规则形体组合成的形体的重心，可分别求出有规则简单形体的重心，再根据力的合成，用数解法求出物体的重心位置。

对质量均匀，但形状不规则的物体，可将其分割成两个或多个大致规则的形体分别求其重心位置，然后再根据力的合成方法，求解重心位置。对形状复杂的形体，如采用数解法难以求解，常用悬挂法或称重法等实验方法来测定重心位置。

（1）悬挂法

如求图 1—33 所示形状复杂的薄板重心，首先将薄板悬挂在某一点 A，如图 1—33a 所示，根据二力平衡条件，重心应该在通过悬挂点的铅垂线上，因此，过 A 点画出垂线 AA'。然后，再把此板悬挂于另一点 B，再画出通过 B 点的垂线

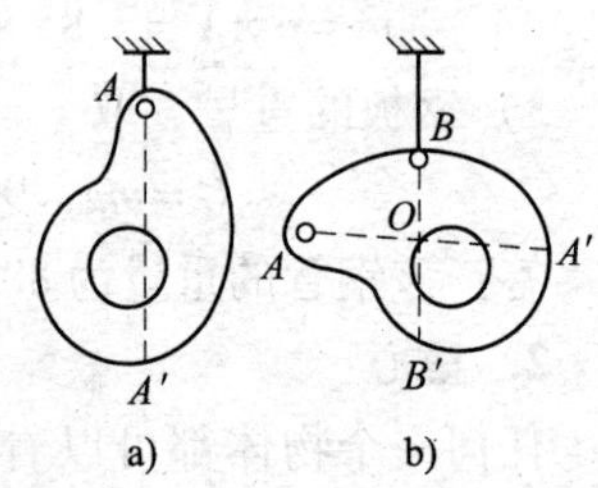

图 1—33　悬挂法测定重心位置

a）悬挂于 A 点　b）悬挂于 B 点

BB'，如图 1—33b 所示，图中两线的交点 O 就是所求重心所在。

（2）称重法

以图 1—34 所示连杆为例，首先用磅秤称出连杆的总重量 Q，然后将其一端支于支点 A，另一端放于磅秤上，读出磅秤上的读数 P，测量出 AB 间的水平距离 l，此时物体处于平衡状态，故有：

$$\sum M_A = 0 \quad 即$$

$$-x_C Q + lP = 0$$

$$x_C = \frac{lP}{Q}$$

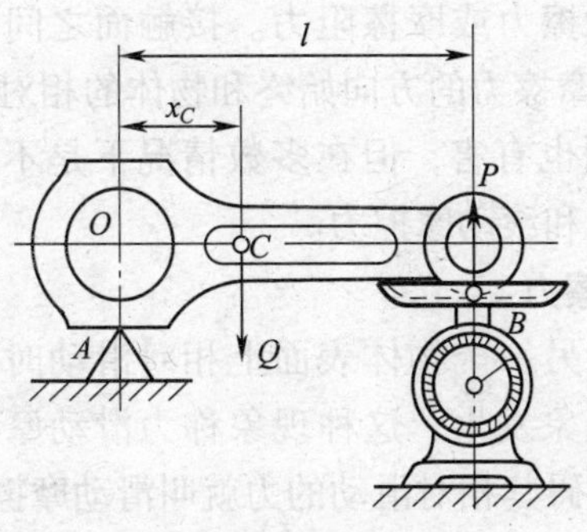

图 1—34　称重法测定重心位置

由此求得连杆重心在距 A 点水平距离为 x_C 的垂线上，又由于该连杆为一轴对称零件，重心应在对称轴上，因而确定重心在该垂线和对称轴的交点 C 上。

3. 惯性

由牛顿第一定律可知，惯性即物体在没有受到任何外力作用时，保持原有静止或匀速直线运动状态的性质。要使物体改变原有运动状态，如使静止的物体运动，使运动的物体改变运动方向或速度，或使运动的物体静止，就必须对该物体施加外力。反之，若物体状态发生了变化，则该物体必然受到了外力的作用。这种由物体的惯性引起的力称之为惯性力。

在起重作业中，重物由静止到各运动状态，又由运动状态到静止状态，在运动状态变化中始终存在惯性力的作用。由于惯性力的计算比较复杂，实际工作中所以引入一个动载系数 K 来对惯性力进行补偿。动载系数依据工作情况不同而取不同的值，轻型取 $K=1.1$，中型取 $K=1.3$，重型取 $K=1.5$。

十、摩擦力

当物体与另一物体沿接触面的切线方向运动或有相对运动的趋势时，在两物体的接触面之间有阻碍它们相对运动的作用力，这种力叫摩擦力或摩擦阻力。接触面之间的这种现象或特性叫“摩擦”。摩擦力的方向始终和物体的相对运动方向或趋势相反。摩擦有利也有害，但在多数情况下是不利的。摩擦力可分为滑动摩擦力和滚动摩擦力。

1. 滑动摩擦力

一个物体在另一个物体表面上相对滑动时，在接触面上就有阻止滑动的现象发生，这种现象称为滑动摩擦，物体之间接触面上产生的阻碍其相对滑动的力就叫滑动摩擦力。

滑动摩擦力的方向总是跟接触面相切，并且与物体相对运动方向相反。滑动摩擦力 F 的大小与两物体接触面上的垂直正压力成正比，即：

$$F=\mu N \qquad (1\text{—}25)$$

式中 F——摩擦力，N；

N——正压力，N；

μ——滑动摩擦因数。

滑动摩擦因数 μ 会随着相对运动速度和单位面积上压力的变化而变化，但在一定的单位面积压力范围内，相对运动速度不大时，其滑动摩擦因数可以看做是一个常数。两个接触物体的材质不同，接触表面的光滑程度不同，其摩擦因数也不相同，表 1—6 给出了几种不同材料和不同表面情况下两接触物体间的 μ 值。

表 1—6　　几种材料的滑动摩擦因数 μ 值

摩擦材料	摩擦因数 μ	摩擦材料	摩擦因数 μ
硬木与硬木	0.35~0.55（干燥） 0.11~0.18（润滑）	钢与冰或雪	0.01~0.02
硬木与钢	0.4~0.6（干燥） 0.1~0.15（润滑）	钢与钢	0.12~0.4（干燥） 0.08~0.25（润滑）
硬木与土壤 硬木与湿土及黏土路面 硬木与冰或雪	0.5 0.45~0.5 0.02~0.04	钢与碎石路面 钢与花岗石路面 钢与湿土及黏土路面	0.36~0.39 0.27~0.35 0.40~0.45

注：单位面积压力大时，取大值，反之取小值。

2. 滚动摩擦力

当一物体在另一物体表面作无滑动的滚动或有滚动的趋势时，由于两物体在接触部分受压发生形变而产生阻碍其相对滚动的现象，这种现象就称为滚动摩擦。滚动摩擦的大小一般用阻力矩来量度，其力的大小与物体的性质、表面的形状以及滚动物体的重量有关。表 1—7 给出了几种不同材料间的滚动摩擦因数的 μ 值。

表 1—7　　几种不同材料间的滚动摩擦因数 μ 值　　(cm)

摩擦材料	滚动摩擦因数	摩擦材料	滚动摩擦因数
木材与木材	0.05~0.08	钢滚杠和钢拖板	0.07
木材与钢	0.03~0.05	钢滚杠与木材	0.1
钢与钢	0.005	钢滚杠在土地上	0.15
淬火的钢球与钢	0.001~0.004	钢滚杠在水泥地上	0.08
汽车轮胎在沥青路面上	0.015~0.021	钢滚杠在钢轨上	0.05

比较表 1—7 和表 1—6 可以看出，在相同情况下，滚动摩擦因数远比滑动摩擦因数小，且滚动摩擦因数有量纲，其量纲为

长度单位，表1—7中μ的量纲为cm。计算滚动摩擦时，力臂的单位应与μ的量纲一致。在材质相同、表面情况相同的情况下滚动摩擦阻力比滑动摩擦阻力小，所以移动物体时采用滚动法比滑动法要省力得多。

第三节　金属材料及材料的力学性能

一、钢材的分类

钢材的种类繁多，分类的方法也不统一。常见的分类方法有：

按钢材的化学成分分为：碳素钢和合金钢，其中碳素钢又分为低碳钢、中碳钢和高碳钢，合金钢又分为低合金钢、中合金钢和高合金钢。

按钢材的品质可分为：普通钢、优质钢和高级优质钢三类。

按钢材的轧制方法不同分为：热轧型材和冷轧型材。

按钢的用途又可分为：结构钢、工具钢和特殊钢三类。

施工现场使用的钢材通常按其外形分为以下四大类：

1. 板材

按厚度可分为薄板、中板和厚板，其规格以厚度（mm）表示，例如10 mm厚钢板。

2. 管材

管材按生产方式不同可分为有缝钢管和无缝钢管；按形状不同又可分为圆钢管和异形钢管。

对无缝钢管和直缝卷制电焊钢管，其规格用“ϕ直径值×壁厚”表示，单位为mm。例如无缝钢管“ϕ108×4”即表示直径为108 mm，壁厚为4 mm的无缝钢管。对低压流体输送钢管（俗称水煤气管）一般用“*DN*公称直径”表示，单位为mm，例如“DN50”即表示公称直径为50 mm的水煤气管。

3. 型材

型材按断面形状可分为角钢、槽钢、工字钢、圆钢、方钢、六角钢、钢轨、异型钢等。几种常用的型钢的截面形状如图1—35所示。

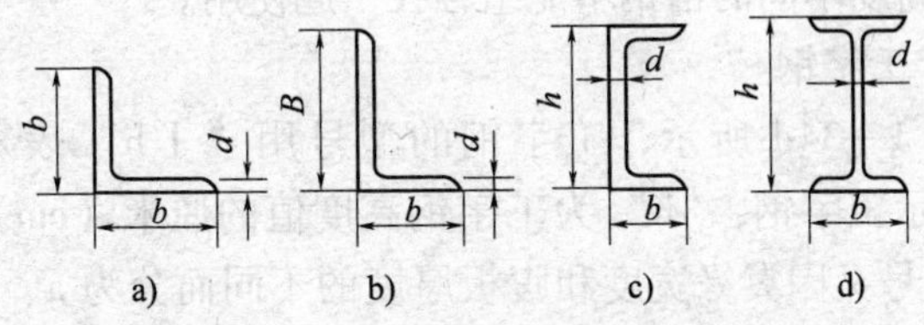

图1—35 几种常用型钢的截面形状

a）等边角钢 b）不等边角钢 c）槽钢 d）工字钢

（1）角钢

如图1—34a和图1—34b所示，角钢又分为等边角钢和不等边角钢两种。等边角钢的型号以边长的厘米（cm）来表示，例如“∟16”，其中“∟”表示角钢，“16”表示角钢边长为16 cm。在设计图纸上角钢用符号“∟ B（边长）×b（边长）×d（厚度）”来表示，单位是mm，其中等边角钢（$B=b$）只需要标出一个边长即可，例如：“∟160×14”、“∟160×100×14”，前者表示的是两角边长均为160 mm，厚度为14 mm的等边角钢，后者表示的是两角边长分别为160 mm和100 mm，厚度为14 mm的不等边角钢。

（2）槽钢

如图1—34c所示，槽钢的型号用“［h”表示，其中“［”表示槽钢，“h”为槽钢高度值的厘米（cm）数，其中有些型号又因翼缘宽度和腹板厚度的不同而分为a、b、c等，例如“［20a”，表示高度为20 cm的a类槽钢。

槽钢的断面是不对称的，如果使用不当会发生偏转，造成事故。一般是将两根槽钢背靠背贴在一起组合使用，这样受力情况较好，比较稳定。两根槽钢组合使用时应注意以下几点：

1）连接螺栓应拧紧，并使其受力一致。

2）[30 以上的槽钢组拼时，至少要有两排以上的螺栓。

3）高度不同的槽钢不能组合在一起使用。

（3）工字钢

如图 1—34d 所示，工字钢的型号用“Ⅰh”表示，其中“Ⅰ”表示工字钢，“h”为工字钢高度值的厘米（cm）数，其中有些型号又因翼缘宽度和腹板厚度的不同而分为 a、b、c 等，例如“Ⅰ28a”，表示高度为 28 cm 的 a 类工字钢。

工字钢与其他型钢比较具有强度大、重量小、截面对称、比较稳定等特点，因此是起重作业中经常使用的材料之一。

（4）工字钢和槽钢使用中应注意的问题

1）使用前应检查型号规格是否相符，外形是否完整。当翼板和腹板有钻孔和缺口时，应根据不同情况，折减其承载能力。如有轻微变形，应校正后再使用。变形或缺陷严重的不能继续使用。

2）使用槽钢、工字钢时，只能立放，不能侧放，否则，承载能力将大大降低。

3）在安放槽钢或工字钢时，支点处必须坚实、平稳，有足够的强度，最好支撑在钢结构上，不能直接放在枕木上。若必须放在枕木上，则应在其上放置一块较大面积的钢板，以增大支撑面积。

4）在安放槽钢、工字钢时，应采取可靠措施，确保稳定性。

（5）H 型钢

我国热轧 H 型钢国标（GB/T 11263—2010）将 H 型钢分为窄翼缘、宽翼缘、中翼缘、薄壁四类，其代号分别为 HN、HW、

HM、HT。H型钢的翼缘是等截面。

H型钢的规格是以高度 H（mm）×宽度 B（mm）表示的，目前生产的H型钢的规格在100 mm×100 mm～800 mm×300 mm或宽翼缘127 mm×400 mm，厚度（指主筋壁厚）6～20 mm，长度一般为6～18 m。

4. 钢丝

钢丝按表面情况分为镀锌和不镀锌钢丝；按用途又可分为焊条用钢丝、弹簧用钢丝、铆钉用钢丝以及制钢丝绳用钢丝等。

二、钢材的物理化学性能

钢材的物理化学性能很复杂，使用中主要应注意以下几个方面：

（1）热膨胀性能

钢材受热时体积膨胀，冷却时体积缩小的特性称为热膨胀性能。

（2）导热性

钢材传导热量的性能称为导热性。

（3）导磁性

钢材能导磁的性能称为导磁性。

（4）导电性

钢材能传导电荷的能力称为导电性。

（5）耐腐蚀性

钢材抵抗不同介质侵蚀的能力称为耐腐蚀性。

三、材料的力学性能

1. 外力、内力、应力与承载能力

物体所受的力可以分为两大类，即外力和内力。外力是指一物体受其他物体对其作用的力，外力包括载荷（荷载）和支反力。在进行受力分析和计算时，首先要找出物体所受到的所有载荷。载荷又分为静载荷和动载荷，作用在物体上大小和位置都不变的载荷称为静载荷，反之则称为动载荷。物体在外力作用下发生变形时，其内部分子间也伴随着产生一种抵抗力，这种物体内部抵抗变形的力就称为内力。当物体受外力作用时，内力和外力相互平衡，且内力随外力的增大而增大，随外力的撤除而消失。

物体在外力的作用下，单位面积上的内力称为应力，常用符号“σ”表示，应力的国际单位是 N/m^2，又称 Pa（帕）；或 MN/m^2，又称 MPa（兆帕）；1 MPa = 10^6 Pa。工程上也用 kgf/cm^2 作为应力的单位，1 MPa≈9. 8 kgf/cm^2。

若应力垂直于横截面，且在横截面上均匀分布，这样的应力称为正应力，正应力的大小用下式计算：

$$\sigma = \frac{N}{A} \tag{1—26}$$

式中 σ—— 正应力，N/m^2；

N—— 内力，N；

A—— 横截面面积，m^2。

由于外力的作用形式不同，除正应力外，常见的应力还有弯曲应力、剪切应力、扭转应力等。

由某种材料构成的物体其承受应力的能力是有限的。当应力随外力的增加达到某一极限值时，就会使物体发生损坏。因此，构件在载荷作用下要能保证正常工作，其必须具有足够的承受荷载的能力，简称承载能力。承载能力主要包括以下几个方面：

1）强度，指物体在载荷作用下抵抗断裂破坏的能力。

2）刚度，指物体在载荷作用下抵抗变形的能力。

3）稳定性，指物体在荷载作用下保持原有平衡状态的能力。

工程中，对结构件等的设计、校验主要就是进行强度、刚度和稳定性的有关计算。除此以外，承载能力还要考虑磨损、疲劳、腐蚀以及制造工艺和使用环境等的影响。

2. 钢材在轴向拉伸和压缩时的力学性质

材料的力学性质是指材料在受力过程中所表现出的强度及变形方面的性质。材料的力学性质指标是通过试验获得的。钢材的主要强度指标和多项性能指标都是通过轴向拉伸试验获得的。若以普通低碳钢按国家标准规定的试验条件（如标准试件的形状、尺寸、环境温度以及加载速度等），在拉伸试验机上进行拉伸试验，则可获得图 1—36 中所示的低碳钢的“应力—应变曲线”。

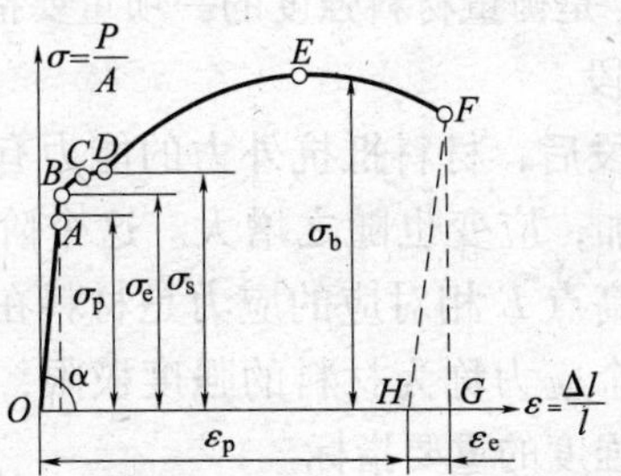

图 1—36　低碳钢拉伸时的应力 σ—应变 ε 曲线

图 1—36 中，横坐标为试件横截面上的正压力 $\sigma=\dfrac{P}{A}$，P 为作用在试件上的拉力，纵坐标为试件长度方向的应变 $\varepsilon=\dfrac{\Delta l}{l}$，$\Delta l$ 为试件拉伸后的伸长量，l 为试件原长。由图中可以看出，该曲线大致可以分为四个阶段：

（1）弹性阶段

OA 段为一直线，表示应力 σ 与应变 ε 成正比关系。超过 A 点就不是正比关系了。OB 段叫做弹性变形阶段，即卸除载荷后，试样变形可全部消失，能完全恢复到原有的形状和尺寸。

材料的这种性质称为材料的弹性，这种变形称为弹性变形。将相应 A 点的应力叫做材料的比例极限，用符号 σ_P 表示，而将相应 B 点的应力叫做材料的弹性极限，并用符号 σ_e表示。

（2）屈服阶段

当载荷继续增加，使应力接近 C 点时，应变的增长比应力的增长要快些，且在 CD 段应力几乎保持不变，而应变却迅速增加，这种现象称为材料的屈服（或流动），将 C 点相应的应力称为材料的屈服极限，用符号 σ_s 表示。这一阶段称为材料的屈服阶段。在此阶段产生的变形是塑性变形，即当外力去除后，变形仍然存在。考虑到材料在屈服阶段会发生较大的塑性变形，使构件不能正常工作，故应将构件的最大工作应力限制在屈服极限 σ_s 以内。σ_s 是衡量材料强度的一项重要指标。

（3）强化阶段

经过屈服阶段后，材料抵抗外力的能力有所增强，故曲线的 DE 段应力增加，应变也随之增大。这个阶段称之为强化阶段。与曲线的最高点 E 相对应的应力是材料在拉断前所能承受的最大应力，这个应力称为材料的强度极限，用符号 σ_b 表示。它也是衡量材料强度的重要指标。

（4）颈缩阶段

当应力超过强度极限 σ_b 后，试样某一部分的横截面积将会显著减小，出现“颈缩现象”，使施加于试样的拉力反而逐渐下降，直到试样被拉断，形成了图中的 EF 段，这个阶段称为颈缩阶段。

从上述试验可以看出，屈服极限 σ_s 和强度极限 σ_b 是材料出现塑性变形和发生断裂的两个重要指标，因而被统称为材料的强度指标。在金属材料中，除低碳钢和中碳钢等少数合金有屈服现象外，如高碳钢、合金钢、铸铁等，在拉伸过程中均没有明显的屈服现象。对此，国家标准规定，以试样塑性伸长量为试样标距长度的0.2%时，材料承受的应力称为“屈服强度”，并以符号$\sigma_{0.2}$表示。

3. 许用应力与安全系数

为了保证构件能够安全正常地工作所规定的每种材料使用时必须能够承受的最大应力称为许用应力。许用应力用符号［σ］表示。显然，许用应力必须低于上述材料发生塑性变形或断裂的极限应力值，即σ_s或σ_b。为确保安全，许用应力一般取极限应力除以一个大于1的系数n，这个系数n就称为安全系数。

对塑性材料取：　　$[\sigma]=\dfrac{\sigma_s}{n}$

对脆性材料取：　　$[\sigma]=\dfrac{\sigma_b}{n}$

确定许用应力和安全系数时，要考虑以下因素：材料材质的不均匀性和内部缺陷，构件的制造、安装误差，载荷的计算误差等。此外，安全系数还要考虑适当的安全储备，以确保万无一失。

安全系数的选取，在确保安全性的前提下还要兼顾经济型，因为，安全系数取得越大所用的材料就越多，反之，用的材料就少。对于安全性和经济性要全面考虑，不能片面强调其中一方。一般根据不同的材料和使用场合，选取不同的安全系数。常用材料的许用应力可查有关手册获得。表1—8是几种常用材料的许用应力值。

表1—8　几种常用材料的许用应力值　MPa

材料名称	许用拉应力	许用压应力
Q215A钢	140	140
Q235A钢	160	160
16Mn钢	230	230
灰口铸铁	35～55	160～200
强铝	80～150	80～150

续表

材料名称	许用拉应力	许用压应力
黄钢	70 ~ 140	70 ~ 140
松木（顺纹）	7 ~ 10	8 ~ 12
混凝土	0.1 ~ 0.7	1 ~ 9
石砌体	0 ~ 0.3	0.4 ~ 4
砖砌体	0 ~ 0.2	0.4 ~ 2.6

4. 材料变形的基本形式和强度条件

物体在受到外力作用后就要发生变形，外力作用的方式不同，引起物体的变形形式也不相同，归纳起来有拉伸、压缩、弯曲、剪切和扭转五种基本变形形式。

（1）拉伸与压缩

当杆件的两端受到大小相等、方向相反、作用线与杆件轴线重合的两个拉力（压力）作用时，杆件产生轴向伸长（缩短），这种变形就叫做拉伸（压缩）变形，如图 1—37 所示。

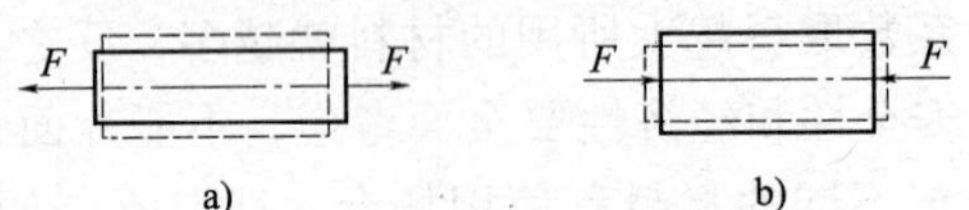

图 1—37　拉伸与压缩变形

a）拉伸变形　b）压缩变形

杆件在受到轴向拉伸或压缩时，杆件的伸长或缩短变形是均匀的，内力在横截面上的分布也是均匀的，即产生的是正应力。横截面上正应力按式（1—26）进行，其强度条件为：

$$\sigma = \frac{N}{A} \leqslant [\sigma] \quad (1—27)$$

式（1—27）中内力 N 与外力 F 平衡，即 $N = F$，$[\sigma]$ 为材料的许用应力。

（2）剪切

作用在物体上的两个力大小相等、方向相反，作用线相互平行且相距很近时，物体上两力之间的部分会沿外力作用方向发生错位，物体的这种变形称为剪切变形。剪切也是一种常见的变形形式。图 1—38 是铆钉和销钉剪切变形的受力情况。

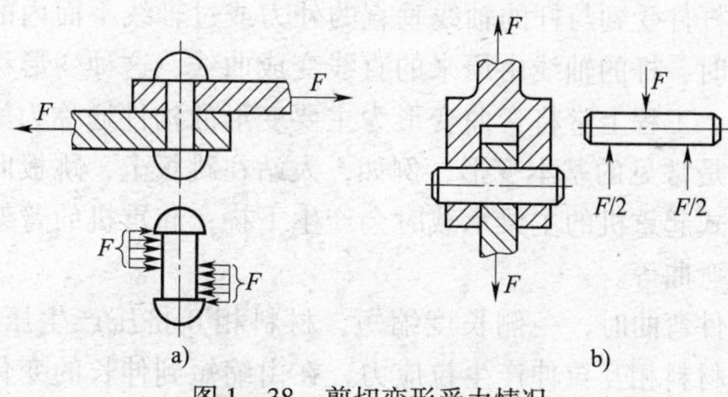

图 1—38　剪切变形受力情况

a）铆钉剪切变形　b）销钉剪切变形

通常将剪切时截面上的内力称为剪力，用符号 Q 表示，它与外力 F 平衡，即 $F = Q$。

单位面积上的剪力称为剪应力，用符号 τ 表示。剪应力的计算及强度条件为：

$$\tau = \frac{Q}{A} \leqslant [\tau] \tag{1—28}$$

式中　τ —— 剪应力，Pa；

Q—— 剪切面上的内力（$Q = F$），N；

A—— 剪切面的面积，m^2；

$[\tau]$ —— 许用剪应力，Pa。

（3）扭转

扭转也是构件变形的一种基本形式，在生产实际中，以扭转变形为主要变形的构件也很多，凡是有旋转（或旋转趋势）的杆件都受到扭转变形。扭转的受力特点是：作用在杆两端的一对力偶大小相等、方向相反，且力偶平面垂直于轴线。这对力偶在杆横截面上产生的内力偶矩称为扭矩。实验证明，杆扭转时横截面上只有与半径垂直的剪应力，而没有正应力。截面上各点剪应力的大小与该点到圆心的距离成正比，在圆心处剪应力为0。

（4）弯曲

当杆件受到与杆的轴线垂直的外力或过轴线平面内的力偶的作用时，杆的轴线由原来的直线变成曲线，这种变形称为弯曲变形。工程上常将弯曲变形为主要变形的构件通称为梁。弯曲变形是常见的基本变形，例如，人站在跳板上，跳板向下弯曲；桥式起重机的主梁承载时会产生下挠；起重机的臂架承载时产生弯曲等。

杆件弯曲时，一侧长度缩短，材料相互挤压产生压应力，另一侧材料相互拉伸产生拉应力，在由缩短到伸长的变化过程中一定有一层既不缩短也不伸长，这一层称为中性层。图1—39为一简支梁弯曲时的变形情况。

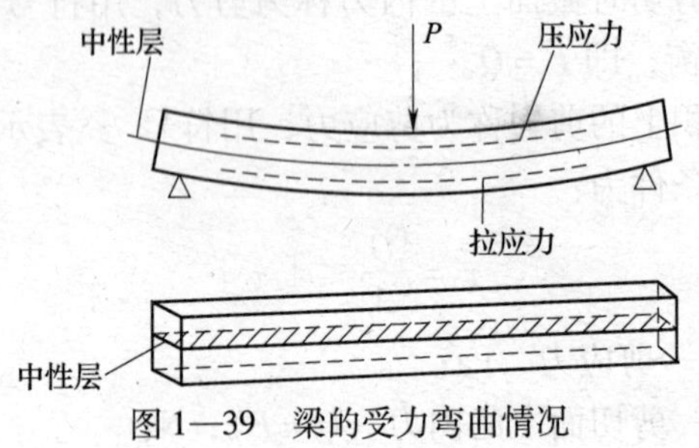

图1—39　梁的受力弯曲情况

弯曲变形时，应力沿横截面的分布是线性变化的，中性层处的应力为0，越靠近两侧，应力的绝对值越大，因此，在设计和校验中，应力值应按最外侧即边缘处的最大应力计算。弯曲时的最大应力及强度条件为：

$$\sigma_{\max} = \frac{M}{W_z} \leqslant [\sigma] \qquad (1—29)$$

式中　$\sigma_{\max}$—— 截面上的最大应力，Pa；

M—— 作用在截面上的弯矩。N · m；

W_z—— 抗弯截面模量，m^3。W_z 的大小由横截面的形状和尺寸决定，计算公式为：

$$W_z = \frac{I_z}{y_{max}}$$

式中　I_z—— 横截面对中性轴 Z 的惯性矩，m^4；

y_{max}—— 横截面上、下边缘到中性轴 Z 的距离，m。

工程中，常用截面的惯性矩 I_z 和抗弯截面模量 W_z 可查表获得，见表 1—9。

表 1—9　　　常用截面的 W_z、I_z 值计算公式

截面形状	惯性矩 I_z/m^4	抗弯截面模量 W_z/m^3
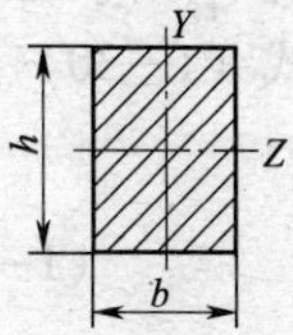	$I_z = \frac{bh^3}{12}$	$W_z = \frac{bh^3}{6}$
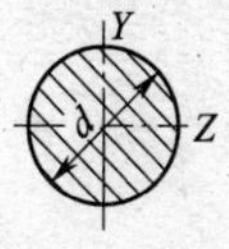	$I_z = \frac{\pi}{64}d^4$	$W_z = \frac{\pi}{32}d^3$
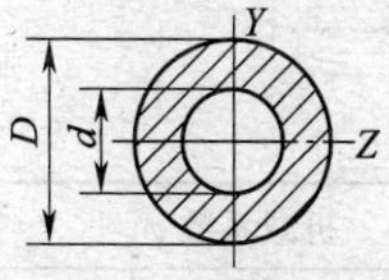	$I_z = \frac{\pi}{64}(D^4 - d^4)$	$W_z = \frac{\pi(D^4 - d^4)}{32D}$
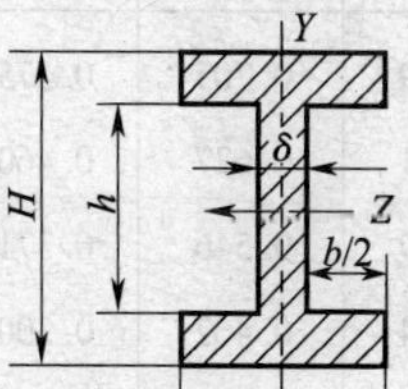	$I_z = \frac{BH^3 - bh^3}{12}$	$W_z = \frac{BH^3 - bh^3}{6H}$

（5）压杆的稳定性

受轴向压力作用的直杆叫压杆。压杆在轴向压力的作用下保持原有平衡状态的能力，称为压杆的稳定性。对于细而长的压杆，在压力比抗压强度低很多，即满足式（1—26）的强度条件下，杆件也可能因突然被压弯而失去原有平衡状态，造成破坏。这类破坏称为杆件失去稳定性，简称失稳。如采用桅杆式起重机吊装时，就要考虑其在受压情况下的稳定性。因此，要保证细长杆件正常工作，除了要求杆件满足强度条件外，还应满足其稳定性条件。

压杆保持直线稳定形状所能承受的最大压力称为临界压力，用符号 P_{cr}表示。长细杆的临界压力可由欧拉公式计算。工程上对压杆的稳定性校核多采用折减系数法，可按式（1—30）进行稳定性计算：

$$\sigma = \frac{P}{A} \leqslant \varphi[\sigma] \qquad (1—30)$$

式中 σ——工作应力，Pa；

P——轴向工作压力，N；

A——横截面积，m^2；

φ——折减系数，可由表 1—10 可查得；

$[\sigma]$ —— 材料的许用应力，Pa。

表 1—10　　常用材料压杆的折减系数

λ	折减系数 φ			λ	折减系数 φ		
	Q235	16Mn	木材		Q235	16Mn	木材
20	0. 981	0. 973	0. 932	70	0. 789	0. 705	0. 575
30	0. 958	0. 940	0. 882	80	0. 731	0. 627	0. 460
40	0. 927	0. 895	0. 822	90	0. 669	0. 546	0. 371
50	0. 888	0. 840	0. 750	100	0. 604	0. 462	0. 300
60	0. 842	0. 776	0. 658	110	0. 536	0. 384	0. 248

续表

λ	折减系数 φ		
	Q235	16Mn	木材
120	0.466	0.325	0.209
130	0.401	0.279	0.178
140	0.349	0.242	0.153
150	0.306	0.213	0.134
160	0.272	0.188	0.117
170	0.243	0.168	0.102
180	0.218	0.151	0.093
190	0.197	0.136	0.083
200	0.180	0.124	0.075

注：Q235 为普通低碳钢；16Mn 为低合金结构钢。

表 1—10 中 λ 称为柔度或长细比，它反映了杆件的长度、支撑形式、横截面形状和尺寸等因素对杆件稳定性的综合影响。压杆越短粗，制作约束限制越严，则其柔度越小，从表 1—10 中可以看出折减系数 φ 越大，即允许承受的压应力越大，杆件的稳定性好，反之，折减系数 φ 小，杆件稳定性差。柔度 λ 按式（1—31）计算：

$$\lambda = \frac{\mu l}{i} \tag{1—31}$$

式中　μ——长度系数，其值与压杆支座情况有关，见表 1—11；

表 1—11　　　　不同压杆支座的长度系数

杆端支座	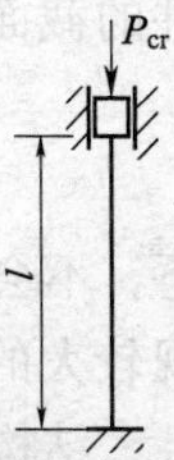	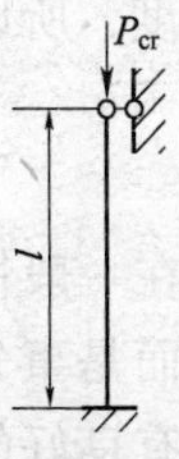	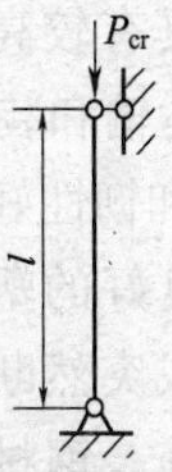	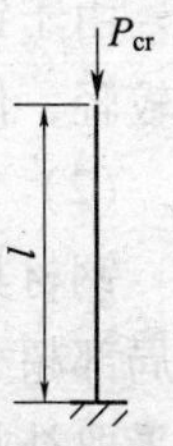
	两端固定	一端固定 一端铰支	两端铰支	一端固定 一端自由
长度系数 μ	0.5	0.7	1	2

l—— 杆件的长度，m；

i—— 杆件横截面的惯性半径，mm。i 的计算公式如下：

$$i=\sqrt{\frac{I}{A}}$$

第四节　钢结构知识

一、钢结构的特点

以热轧型钢（角钢、工字钢、槽钢以及钢管等）、钢板、冷加工成型的薄壁型钢以及钢索等作为基本元件，通过焊接、螺栓或铆钉连接等方式，按一定的设计要求连接起来制成基本构件后，通过焊接、螺栓或铆钉连接将基本构件连接成能够承受外载荷的结构称为钢结构。

钢结构在建筑起重机械中有着十分广泛的应用，如塔式起重机、物料提升机、施工升降机等的主体结构均为典型的钢结构。和其他材料的结构相比，钢结构具有以下特点：

（1）强度高、重量轻

由于钢材具有较高的强度，所以构件的截面尺寸较小、自重较轻，便于运输和装拆。

（2）塑性和韧性好

钢材具有良好的塑性，在一般情况下，不会因为偶然超载或局部超载造成突然断裂，而是事先出现较大的变形预兆，可以采取补救措施。钢材还具有良好的韧性，结构对动载荷的适应性强，使用安全可靠。

（3）材质均匀

钢材的内部组织均匀，各向的力学性能基本相同，在一定的应力范围内，钢材处于理想弹性状态，与工程力学所采用的基本假定较符合，故计算准确可靠。

(4) 制造方便

钢结构可由各种型钢、钢板在专业的金属结构制造企业采用焊接、螺栓或铆钉连接方法加工成基本构件，再运至现场进行拼装连接。这种在工厂制造在工地安装的方法，制造简便、精度高、施工周期短、效率高、成本低，且修配、更换方便。

(5) 耐腐蚀性能差

黑色金属制造的钢结构处在空气中容易生锈，特别是在湿度大或有腐蚀性介质的环境中会加速腐蚀，因而需经常维修和保养，如除锈、刷油漆、镀锌等。

(6) 耐高温性差

钢材在150℃以内力学性能变化较小，但当达到300℃以上时，强度迅速下降，当温度达到500℃以上时，钢结构会瞬时全部崩溃。因此，钢结构在使用过程中要注意防火，避免在高温下使用。

(7) 具有低温脆性

当钢材在临界温度以下使用时会发生脆性断裂。

二、钢结构的连接

钢结构通常由钢板、型钢通过必要的连接组成构件，各构件再通过一定的安装连接组成整体结构。连接部位应有足够的强度、刚度以及塑性。被连接的构件间应保持正确的相互位置，以满足力的传递和使用要求。

钢结构常用的连接方法有焊接、螺栓连接和铆钉连接等。

1. 焊接连接

焊接连接是目前钢结构最主要的连接方法。其优点是：不削弱连接截面，连接的刚性好，构造简单，便于制造，省工省料，易于实现自动化作业。缺点是：会产生残余应力和残余变形，连接的塑性和韧性差，质量检验较复杂，对材质的要求也较高。

钢结构的焊接方式主要有自动焊、半自动焊和手工焊条电弧焊。自动焊生产效率高，主要适合在专业化的工厂中生产制作，也可在具备一定条件的施工现场使用。自动焊的方法主要有埋弧自动焊、气体保护自动焊等。对于建筑工程的机械钢结构，由于大多数是用型钢制作，焊缝通常较短，所以一般采用半自动焊或手工焊条电弧焊。手工焊条电弧焊操作灵活，施工方便，适用于在施工现场实地制作生产。

2. 螺栓连接

螺栓连接是应用最为广泛的一种可拆卸连接。根据钢结构连接用螺栓的性能等级不同，螺栓连接又分为普通螺栓连接和高强度螺栓连接。

(1) 普通螺栓连接

普通螺栓又分为C级粗制螺栓和A级、B级精制螺栓。C级螺栓一般用Q235钢制成，螺栓的性能等级为4.6级。A级、B级螺栓一般用45钢和35钢制成，螺栓的性能等级为8.8级。C级螺栓制造方便、易于拆卸，适宜于杆轴向受拉的连接和可拆卸结构的连接以及临时固定结构用的安装连接等。使用中应注意采用双螺母或其他防止螺母松动的措施。A级、B级螺栓在钢结构中使用很少。

(2) 高强度螺栓连接

高强度螺栓是钢结构连接的重要零件，它与普通螺栓连接的主要区别在于：普通螺栓拧紧螺母时产生的预紧力很小，由板面挤压产生的摩擦力可以忽略不计。普通螺栓抗剪切连接时是依靠孔壁承压和螺杆抗剪切来传力的。高强度螺栓除了其本身材料强度高以外，施工时还给螺杆施加很大的预紧力，使被连接构件的接触面之间产生很大的挤压力。因此，板面之间垂直于螺杆方向受剪切时会产生很大的摩擦力，构件依靠接触面间的摩擦力来阻止其相互滑移，达到传力的目的。

高强度螺栓按性能等级分为8.8、9.8、10.9、12.9四个等级；按受力状态又可分为抗剪切螺栓和抗拉螺栓，其中抗剪切连接又分为摩擦型连接和承压型连接。高强度螺栓的直径一般为12~42 mm。

高强度螺栓连接副应符合《紧固件机械性能螺栓、螺钉和螺柱》（GB/T 3098.1—2010）和《紧固件机械性能螺母 粗牙螺纹》（GB/T 3098.2—2000）国家标准的规定，并应有性能等级符合标识以及合格证书。

预紧力矩是保证高强度螺栓连接质量的重要指标，它综合体现了螺栓、螺母和垫片组合的安装质量。在进行钢结构安装时，必须按规定的预紧力矩值拧紧。表1—12是常用的高强度螺栓预紧力和预紧扭矩值。除此以外，高强度螺栓在使用过程中还应注意以下几点：

1）使用前，应对高强度螺栓进行全面检查，核对其规格、等级标识，检查螺栓、螺母及垫圈有无损伤，清除表面的灰尘、油漆、油污和锈蚀等。

2）高强度螺栓绝不允许使用弹簧垫圈，必须使用平垫圈。塔身高强度螺栓必须采用双螺母防松。

3）应使用力矩扳手或专用扳手，按使用说明书要求拧紧。

4）高强度螺栓安装穿插方向宜采用自下而上穿插，即螺母在上方的安装方式。

5）高强度螺栓、螺母拆卸后重复使用次数一般不得超过两次。

6）拆下后再次使用的高强度螺栓的螺杆、螺母必须无任何损伤、变形、滑牙、缺牙、锈蚀以及螺栓粗糙度变化较大等现象，否则，禁止用于受力构件的连接。

表 1—12　常用高强度螺栓预紧力和预紧扭矩值

螺栓性能等级			8.8			9.8			10.9		
螺栓材料屈服强度（N/mm^2）			640			720			900		
螺纹规格	公称应力截面积 A_s	螺纹最小截面积 A_g	预紧力 F_{sp}	理论预紧扭矩 M_{ap}	实际使用预紧扭矩 $M=0.9M_{sp}$	预紧力 F_{sp}	理论预紧扭矩 M_{ap}	实际使用预紧扭矩 $M=0.9M_{sp}$	预紧力 F_{sp}	理论预紧扭矩 M_{ap}	实际使用预紧扭矩 $M=0.9M_{sp}$
mm	mm^2		N	N · m		N	N · m		N	N · m	
18	192	175	88 000	290	260	99 000	325	292	124 000	405	365
20	245	225	114 000	410	370	128 000	462	416	160 000	580	520
22	303	282	141 000	550	500	158 000	620	558	199 000	780	700
24	353	324	164 000	710	640	184 000	800	720	230 000	1 000	900
27	459	427	215 000	1 050	950	242 000	1 180	1 060	302 000	1 500	1 350
30	561	519	262 000	1 450	1 300	294 000	1 620	1 460	368 000	2 000	1 800
33	694	647	326 000	由实验决定		365 000	由实验决定		458 000	由实验决定	
36	817	759	328 000			430 000			538 000		
39	976	913	460 000			517 000			646 000		
42	1 120	1 045	526 000			590 000			739 000		
45	1 300	1 224	614 000			690 000			863 000		
48	1 470	1 377	692 000			778 000			973 000		

(3) 铆钉连接

铆钉连接是一种较古老的连接方法，优点是连接的塑性和韧性较好，质量便于检查，适用于直接承受动载荷的钢结构的连接；缺点是制造费工、费时，用料较多、结构重量大，且铆钉孔会削弱构件截面。目前，铆钉连接已很少使用，只有在钢材的焊接性能较差，或在主要承受动载荷的重型结构中才使用，如铁路桥梁等。在建筑工程及机械的钢结构中一般不用铆钉连接。

三、钢结构的破坏形式

钢材可能发生的破坏形式有塑性破坏、脆性断裂破坏、疲劳破坏和损伤累积破坏。对钢结构来说，除了上述破坏形式以外，还有由系统本身引起的稳定破坏。因此，钢结构的可能破坏形式有：结构的整体失稳，结构和构件的局部失稳，结构的塑性破坏，结构的脆性断裂，结构的疲劳破坏，结构的损伤累积破坏等。

第五节　机械基础知识

一、机器的组成

一部完整的机器通常由原动机、传动装置、执行装置、控制系统和辅助系统五个部分组成，如图 1—40 所示。其中双框线所表示的部分是一部机器的基本组成，即原动机、传动装置、执行装置。

原动机是驱动整部机器以完成预定功能的动力源。一般原动机都是把其他形式的能量转换为机械能。原动机的动力输出绝大多数呈旋转运动的状态，输出一定的转矩。常用的原动机有电动机、内燃机等。

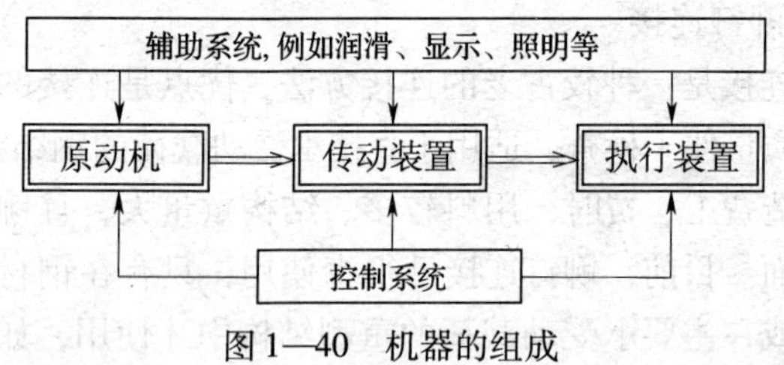

图 1—40　机器的组成

传动装置是将原动机的运动形式、运动及动力参数转变成执行装置所需的运动形式、运动及动力参数的装置。例如把原动机的旋转运动转变成直线运动，高转速变为低转速，小转矩变为大转矩等。机器的传动装置大多数采用机械传动系统，有时也可采用液压传动或电力传动系统。机械传动系统是绝大多数机器必不可少的重要组成部分。

执行装置是用来完成机器预定功能的组成部分，其结构形式取决于机器本身的用途。

图 1—41 是一台起重机典型起升机构的简图。图中原动机

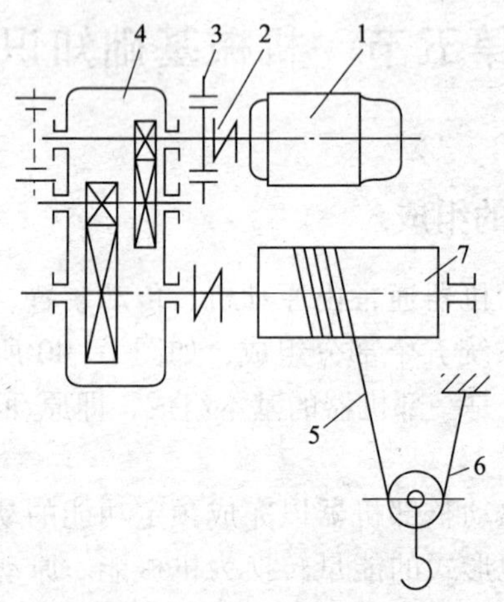

图 1—41　起重机典型起升机构简图

1—电动机　2—联轴器　3—制动器　4—减速器

5—钢丝绳　6—吊钩组　7—卷筒

为一台电动机，传动装置是一个两级闭式齿轮减速器，而执行机构则由卷筒、钢丝绳及吊钩等组成。

二、机械传动

常用的机械传动方式有齿轮传动、带传动、蜗轮蜗杆传动和链传动。

1. 齿轮传动

齿轮传动是应用最为广泛的一种机械传动方式。齿轮传动的形式有很多，按照其结构特点可分为：

(1) 用于平行轴之间的直齿圆柱齿轮传动、斜齿圆柱齿轮传动和人字齿齿轮传动。

(2) 用于相交两轴之间的直齿锥齿轮传动、斜齿锥齿轮传动、曲齿锥齿轮传动。

(3) 用于交错轴之间的斜齿圆柱齿轮传动和双曲面齿轮传动等。

传递动力的齿轮目前广泛应用的是渐开线齿轮。对于大功率传动，少量采用圆弧齿轮。

按齿轮的工作条件不同又可分为：

(1) 开式齿轮传动

开式齿轮传动的齿轮完全暴露，只有简单的安全防护罩，不能保证良好的润滑，外界杂物很容易侵入，但成本低，用于低精度、低速齿轮传动。

(2) 闭式齿轮传动

闭式齿轮传动的齿轮封闭在刚度很好的箱体中，精度高，有条件保证齿轮良好的润滑和精确的啮合。

此外，按齿轮的啮合形式不同又可分为：外啮合齿轮传动、内啮合齿轮传动、齿轮齿条传动以及行星齿轮传动等。

齿轮传动的优点是传动功率和速度的范围广，传动比精确、可靠，传动效率较高，寿命长，结构紧凑。主要缺点是制造成本较高，不宜用于轴间距很大的传动，制造和安装精度低时噪声大。

齿轮传动的失效主要发生在轮齿，常见的失效方式有五种：轮齿的折断、齿面点蚀、齿面磨损、齿面胶合以及塑性变形。

常用的齿轮传动装置是齿轮减速器，其作用一般是用来降低输出的转速，增大输出的扭矩。减速器的主要参数是传动比、输入功率、输出扭矩、轴的中心距以及安装形式等。使用时要注意正确的安装和使用，避免超载，保持良好的润滑，避免杂物侵入，定期进行必要的保养，以防止发生故障，延长使用寿命。

2. 带传动

带传动是一种常用的机械传动方式，如图 1—42 所示。它由固连于主动轴上的带轮 1（主动轮）、固连于从动轴上的带轮 3（从动轮）和紧套在两轮上的传动带 2 组成。当原动机驱动主动轮转动时，由于带和带轮之间的摩擦（或啮合），便拖动从动轮一起转动，并传递一定的动力。

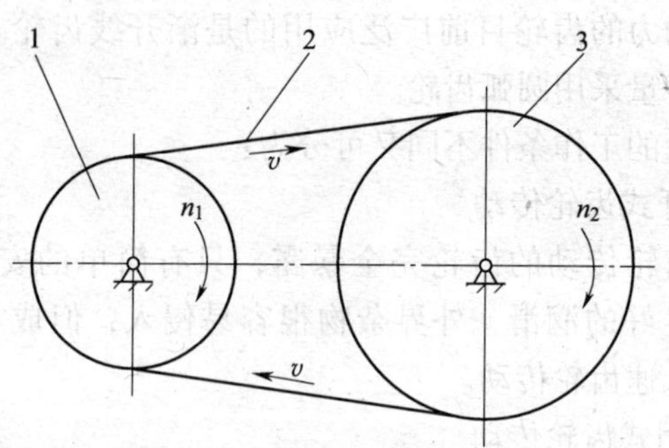

图 1—42　带传动原理示意图

1—主动带轮　2—传动带　3—从动带轮

与其他传动方式相比，带传动是一种比较经济的传动方式，带的弹性和柔性使带传动具有以下优点：

①运行平稳、噪声小。

②能缓冲冲击载荷。

③构造简单，对制造精度要求低，适用于中心距大的地方。

④不用润滑，维护成本低。

⑤过载时传动带与带轮之间会产生打滑，可以起到过载保护的作用。

带传动同时也有以下缺点：

①传动带存在弹性滑动，使传动效率低，传动比不像啮合传动那样准确（同步带传动除外）。

②传动带的使用寿命短。

③传递同样大的圆周力时，轴上的压力和轮廓尺寸比啮合传动大。

④不适合在高温或有易燃易爆物的场合使用。

在带传动中，常用的有平带传动、V 带传动、多楔带传动和同步带传动等。如图 1—43 所示。

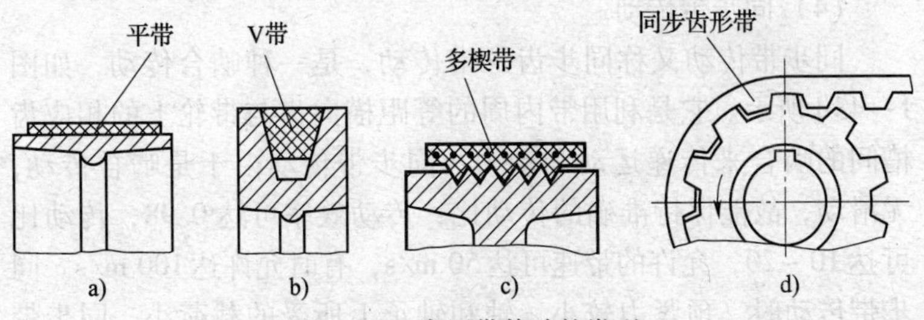

图 1—43 常用带传动的类型

a）平带传动 b）V 带传动 c）多楔带传动 d）同步带传动

（1）平带传动

平型带的横截面为矩形，已标准化。常用的平带有帆布芯平带、编织平带（棉织、毛织和复合棉布带）、腈纶片复合平带等，如图 1—43a 所示。平带传动结构最简单，柔性好，带轮也容易制造，价格便宜，但结构尺寸大，较笨重，目前主要用在高速或传动中心距较大的场合。

（2）V 带传动

在一般机械传动中，应用最广的是 V 带传动。V 带的截面呈等腰梯形，带轮上也做出相应的轮槽，如图 1—43b 所示。与平带传动相比，V 带传动时，V 带只和轮槽的两个侧面接触，即以两个侧面为工作面。根据槽面摩擦的原理，在同样的张紧力下，V 带较平带能产生更大的摩擦力，故传动时不易打滑，可以传动的力矩大，此外，V 带传动还具有允许的传动比大，结构较紧凑，以及 V 带已标准化并大量生产等优点。

在 V 带传动中，在电动机额定功率允许的情况下，要增大传递功率只需增加传动带的根数即可。

（3）多楔带传动

多楔带传动如图 1—43c 所示。其兼有平带和 V 带的优点：柔性好、摩擦力大，能传递的功率大，并解决了多根 V 带长短不一而使各带受力不均匀的问题。多楔带主要用于传递功率较大而结构要求紧凑的场合，传动比可达 10，带速可达 40 m/s。

（4）同步带传动

同步带传动又称同步齿形带传动，是一种啮合传动，如图 1—43d 所示。它是利用带内周的等距横向齿与带轮上的相应齿槽间的啮合来传递运动和动力。同步带传动由于是啮合传动，无滑动，故能保持准确的传动比，传动效率可达 0.98，传动比可达 10 ~ 20，允许的带速可达 50 m/s，有时允许达 100 m/s。同步带传动时，预紧力较小，轴和轴承上所受的载荷小。同步带的柔性好，故所用的带轮可以较小。同步带传动的主要不足是制造要求较高，安装时对中心距有严格的要求，价格较高。同步带传动主要应用于传动比要求准确的中、小功率的传动中。

要保证带传动的正常运转，延长使用寿命，对带传动机构必须正确地安装、使用与维护。安装时，要确保两带轮轴线平行，轮槽对正，否则会加剧磨损。安装传动带时，应先缩小带轮中心距，套上传动带，然后再调整。严防传动带与矿物油、酸、碱等腐蚀性介质接触，也不宜在阳光下暴晒，如有油污可用温水或 1.5% 的稀碱溶液清洗。

3. **蜗轮蜗杆传动**

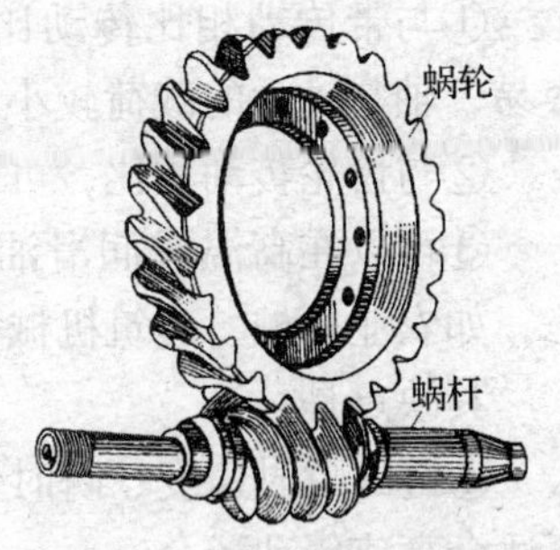

图 1—44　蜗轮蜗杆传动

蜗轮蜗杆传动主要由蜗杆和蜗轮组成，如图 1—44 所示。蜗轮蜗杆传动是空间交错的两轴间传递运动和动力的一种传动方式，两轴线交错的夹角可为任意值，常用的为90°。

蜗轮蜗杆传动具有传动比大，工作平稳、无噪声等优点，特别是它还具有自锁特性，即只能蜗杆带动蜗轮转动，而蜗轮不能带动蜗杆转动。这对与某些类型的起重设备的安全使用很有意义。效率低、价格较高是蜗轮蜗杆传动的缺点。蜗轮蜗杆传动广泛应用于机床、仪器、起重运输机械及建筑机械中。

4. **链传动**

链传动如图 1—45 所示，传动机构由主动链轮、链条和从动链轮组成。链轮具有特定的齿形，链条套装在主动链轮和从动链轮上。链条传动属于啮合传动，但它与齿轮传动不同，要靠中间零件——链条来实现传动，工作时，通过链条的链节与链轮轮齿的啮合来传递运动和动力。又由于链条是一个挠性件，所以链传动又与带传动有相似之处。相比而言，链传动具有的优点是：

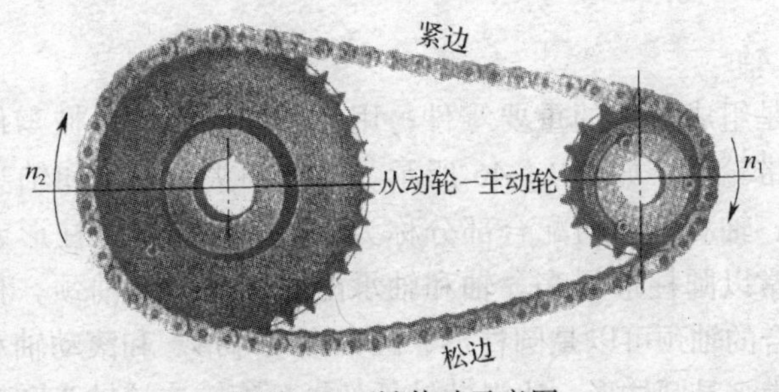

图 1—45　链传动示意图

①与带传动相比传动比准确，传动可靠，张紧力小，装配容易，轴与轴承的载荷较小，传动的效率较高，可达98%。

②与齿轮传动相比，可以有较大的中心距。

③可以在高温或润滑油环境中工作，也可用于多灰尘的环境，如农业机械、建筑机械等，但使用寿命会缩短。

其缺点是：

①链的瞬时速度、瞬时传动比和瞬时载荷都不均匀，因而，不适合高速传动场合。

②只能用于平行轴间的传动。

③不适于旋转方向周期性变化的情况。

④工作时有噪声。

⑤制造成本较带传动高。

根据链的工作性质不同，链分为传动链、起重链、曳引链和专用链四种。链传动被广泛应用于农业、采矿、运输、纺织、食品等各种机械的动力传动中。

三、轴系零件、部件

轴系结构是机器的最重要的组成部分，由轴及轴上零件组成。轴系结构在工作中要保证轴及轴上零件能够实现正确的运动，在工作载荷下保持正确的形状和相对位置关系，并使轴上零件得到良好的润滑，图1—46所示是一个典型两支点轴系结构简图。

1. 轴

轴是组成机器的重要零件，用来支撑旋转的机械零件，如齿轮、带轮等。如图1—46所示。轴由轴头、轴颈和轴身三部分组成，轴和轮毂的配合部分称为轴头，轴头为圆柱形或圆锥形，通常以圆柱形居多。轴和轴承配合部分称为轴颈。和滑动轴承配合的轴颈可以是圆柱形、圆锥形或球形。和滚动轴承配合的轴颈大多是圆柱形，比滑动轴承的轴颈短。连接轴头和轴颈的部分称为轴身，其上用于零件轴向固定的台阶称为轴肩，环形部分称为轴环。为便于装配，轴颈和轴头的端部都应有倒角。

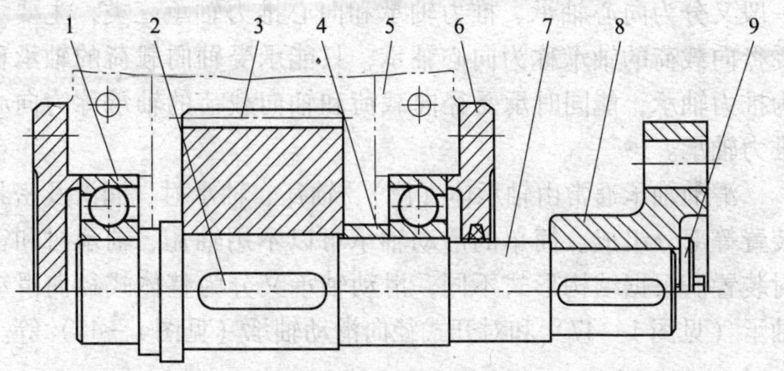

图 1—46　轴系的典型结构简图

1—轴承　2—键　3—齿轮　4—轴套　5—轴承座　6—轴承端盖　7—轴　8—半联轴器　9—轴端挡圈

零件在轴上的定位分为轴向定位和周向定位，轴向定位和固定常用的方法有：轴肩、轴环、锁紧挡圈、套筒、圆螺母和止动垫圈、弹性挡圈、轴端挡圈及圆锥面等。零件在轴上的周向定位和固定可采用键连接、销钉连接或过盈配合等方法。

键可分为平键和楔键等类型。楔键也称斜键，在其上表面制成1∶100 的斜度，与此面接触的轮毂键槽平面也制成1∶100 的斜度。装配时，将键楔紧，使键的上下工作面与轴、轮毂的键楔槽工作表面压紧，构成紧密连接。键与键槽的侧壁互不接触。斜键可制成圆头、平头、钩头等形式。平键的优点是轴和轴上零件配合对中好，可用于高转速及精密零件的连接，拆装也方便。但它仅能传递扭矩，不能承受轴向力，必须附加固定螺钉或定位轴环等，才能把零件的轴向位置固定。

2. 轴承

轴承是支撑轴的部件，根据轴承中相对运动表面摩擦性质不同，轴承可以分为滑动摩擦轴承（简称滑动轴承）和滚动摩擦轴承（简称滚动轴承）两大类。根据轴承承受的载荷方向不同，滑动轴承可分为径向轴承（承受径向载荷）和止推轴承（承受轴向载荷），常用的滑动轴承多为径向轴承；而滚动轴承一般又分为向心轴承、推力轴承和向心推力轴承三类，主要承受径向载荷的轴承称为向心轴承，只能承受轴向载荷的轴承称为推力轴承，能同时承受径向载荷和轴向载荷的轴承称为向心推力轴承。

滑动轴承通常由轴承体（座）、轴瓦、轴承衬、润滑及密封装置等部分组成。简单的滑动轴承可以不用轴瓦、轴承衬和密封装置。根据结构形式不同，滑动轴承又分为整体式径向滑动轴承（见图1—47）和对开式径向滑动轴承（见图1—48）等。

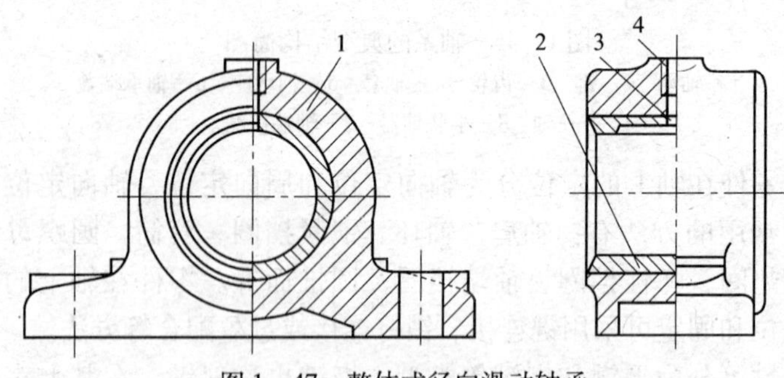

图1—47　整体式径向滑动轴承

1—轴承座　2—整体轴套　3—油孔　4—螺纹孔

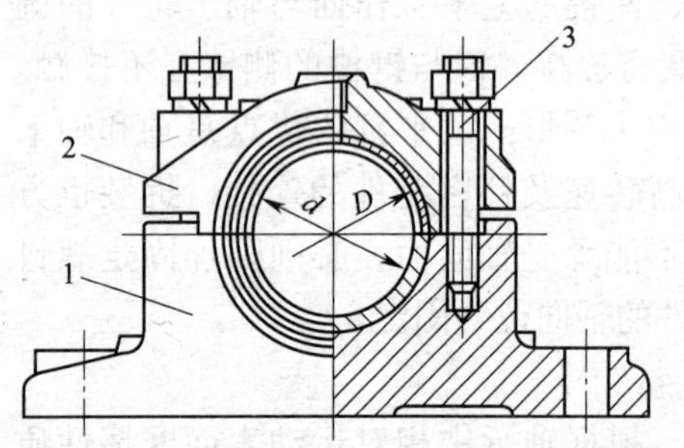

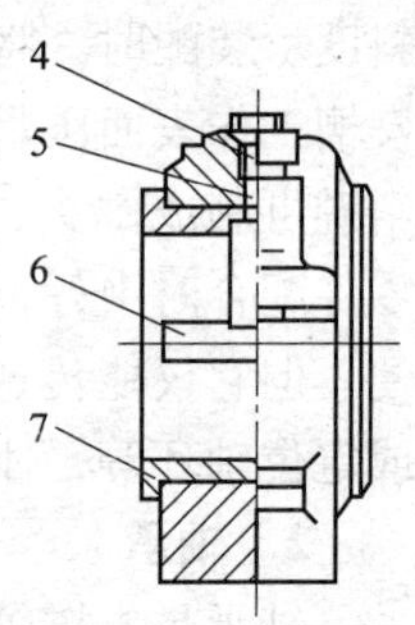

图1—48　对开式径向滑动轴承

1—轴承座　2—轴承盖　3—双头螺柱　4—螺纹孔

5—油孔　6—油槽　7—剖分式轴瓦

滚动轴承是现代机器中广泛应用的部件之一，种类很多。常用的滚动轴承绝大多数已经标准化，并有专业的生产企业大量制造及供应各种常用规格的轴承。滚动轴承一般由内圈、外圈、滚动体和保持架四个基本部分组成。滚动轴承的基本结构如图 1—49 所示。

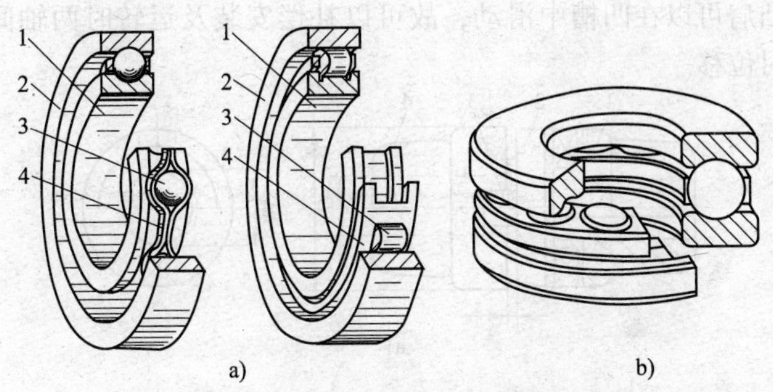

图 1—49　滚动轴承的结构

a）球轴承　b）滚子轴承　c）推力轴承

1—内圈　2—外圈　3—滚动体　4—保持架

滚动轴承外圈的内面和内圈的外面均有凹槽滚道，保持架将滚动体彼此分开，使其沿滚道均匀分布。内圈和轴颈配合，外圈和轴承座或机座配合。通常内圈随轴颈转动，外圈不转。

轴承需要润滑，润滑的作用是减小摩擦与磨损，冷却散热，防腐蚀，密封防尘以及减振等。常用的润滑剂有润滑油和润滑脂两类。当转速高、载荷小时，选黏度低的润滑油；反之，当转速低，载荷大时，选用黏度较高的润滑油；润滑脂多用在低速、重载或摆动的轴承中，润滑脂的装填量一般不超过轴承空间的 1/3 ~ 1/2，装填过多，由于摩擦引起发热，往往影响轴承的正常工作。

3. 联轴器

联轴器主要是用来连接两轴，使其一起旋转并传递运动和转矩，也可用于轴和其他零件的连接以及两个零件的相互连接。

联轴器的种类有很多，普通联轴器有刚性联轴器和挠（弹）性联轴器之分。具体的有：凸缘联轴器、齿轮联轴器、弹性柱销联轴器、万向联轴器、十字滑块联轴器等。图 1—50 为十字滑块联轴器简图，从图中可以看出，十字滑块联轴器由两个在端面上开有凹槽的半联轴器和一个两面带有凸肩的中间盘组成。因凸肩可以在凹槽中滑动，故可以补偿安装及运转时两轴间的相对位移。

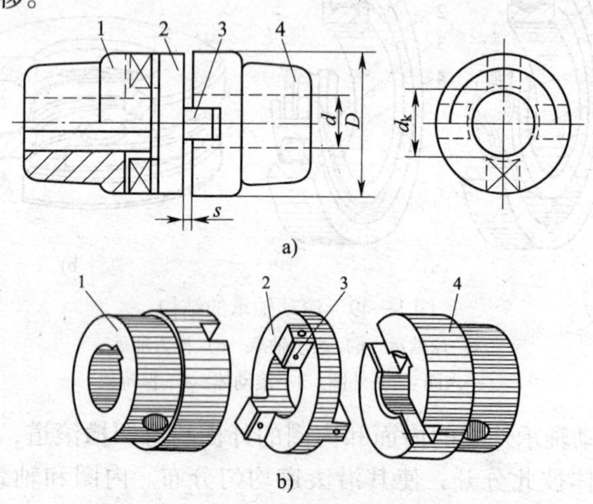

图 1—50　十字滑块联轴器

a）剖视图　b）轴测图

1、4—半联轴器　2—中间盘　3—凸肩

由联轴器连接的两根轴或传动件，在机器运转时不能分离，只有在机器停车并将联轴器拆开后两轴或传动件才能分离。

联轴器有时可以作为一种安全装置，靠连接件的折断、分离或打滑使传动中断或限制转矩的传递，起到过载保护作用，有时还可以作为一种特殊的调速装置。

4. 制动器

制动器是利用摩擦阻力矩消耗机器运动部件的动能，达到降低机器的运动速度或迫使机器停止运动的一种装置。在起重机的各个运动机构中，制动器是不可或缺的组成部分。

制动器主要由制动架、摩擦元件、松闸器三部分组成。根据构造不同，制动器可分为块式制动器、带式制动器、盘式制动器、圆锥式制动器和蹄式制动器等；根据操作情况不同可分为常闭式、常开式和综合式。

制动器的控制方式很多，除机械控制外，还有电磁控制、液压控制等。图 1—51 是一个电磁式块式制动器的结构简图，其制动力矩是靠闸瓦与制动轮间的摩擦获得，由电磁松闸器控制，通电时，电磁线圈的吸力吸住衔铁，再通过杠杆机构使闸瓦松开，机器便能自由旋转运动；制动时，则切断电源，电磁线圈失去吸力，衔铁被释放，依靠弹簧并通过杠杆使闸瓦抱紧制动轮。此为常闭式制动器。块式制动器具有构造简单、结构紧凑、安装方便、成对的瓦块压力互相平衡使制动轮轴不受弯曲载荷等优点，在起重机各机构中应用广泛。除块式制动器外，带式制动器也是起重机械常用的制动器之一，其结构如图 1—52 所示。

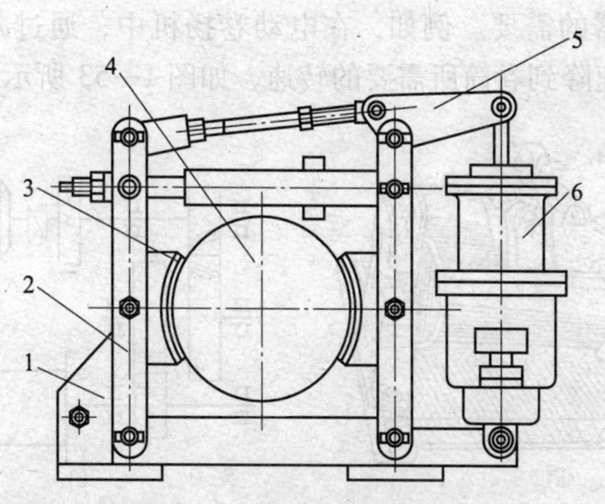

图 1—51　电磁块式制动器

1—制动架　2—制动臂　3—制动瓦块

4—制动轮　5—杠杆机构　6—电磁松闸器

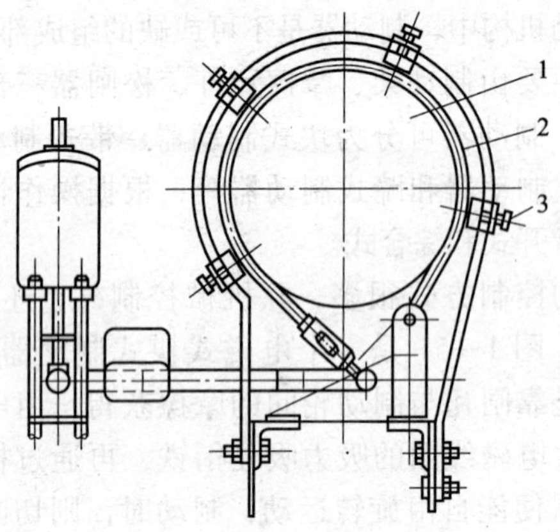

图 1—52　带式制动器

1—制动轮　2—制动带　3—限位螺钉

5. 减速器

减速器是连接原动机与工作机之间独立的闭式机械传动装置，它由装在刚性的封闭箱体中的一对或几对相互啮合的齿轮或蜗轮蜗杆组成。其作用是用来降低转速，并相应地增大转矩，以适应机器的需要。例如，在电动卷扬机中，通过减速器将电动机的转速降到卷筒所需要的转速，如图 1—53 所示。

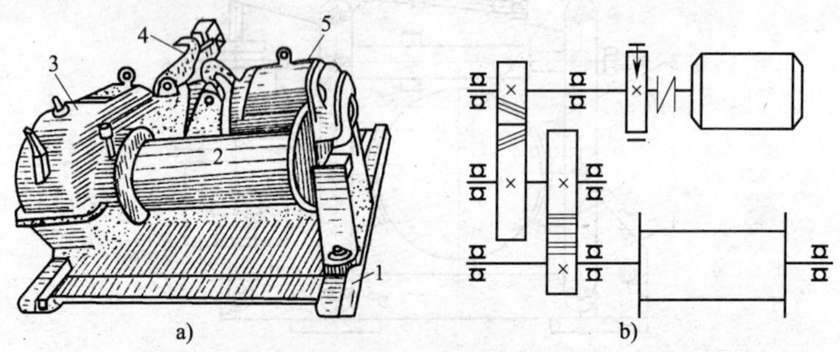

图 1—53　可逆式单筒电控卷扬机

a）卷扬机外形图　b）传动系统原理图

1—机架　2—卷筒　3—减速器　4—电磁式块式制动器　5—电动机

减速器的类型有很多，按所用的齿轮形式不同可分为圆柱齿轮减速器、圆弧齿轮减速器、摆线针轮减速器、行星齿轮减速器、蜗轮蜗杆减速器、蜗杆—圆柱齿轮减速器等；按齿轮的对数，可分为单级齿轮减速器、两级齿轮减速器和三级齿轮减速器。大多数齿轮减速器均有标准系列产品，使用时只需结合所需传递的功率、转速、传动比、工作条件和机器的总体布局等具体要求从标准产品中选用即可。特殊的需另行设计制造。

减速器运动过程中，运动零件表面互相接触、摩擦，使之发生磨损、发热，因此减速器中齿轮、蜗轮以及轴承的润滑是极其重要的。齿轮一般采用浸油润滑，轴承一般采用飞溅式润滑，即靠齿轮在油槽中的转动，把油溅到轴承中去，或溅到壳壁上再沿内壁通过油沟流到轴承中润滑。

第五节　电工学基础知识

一、电路

1. 电路的组成

电路就是电流流通的路径，如日常生活中的照明电路、电动机的电路等。构成电路的目的是产生、传输、分配和使用电能。任何一个电路都是由电源、负载、导线和控制器件四个基本部分组成。电路的结构可以用规定的简单符号作图来表示，这样的图称为电路图。图 1—54 为一个简单的直流电路图，图中 E（电池）表示电源、EL（灯泡）为负载、S 为控制器件，连接它们的线段表示导线。

（1）电源

它是将其他形式的能量转化为电能的装置。电路中电源产生电能，并维持电路中的电流。

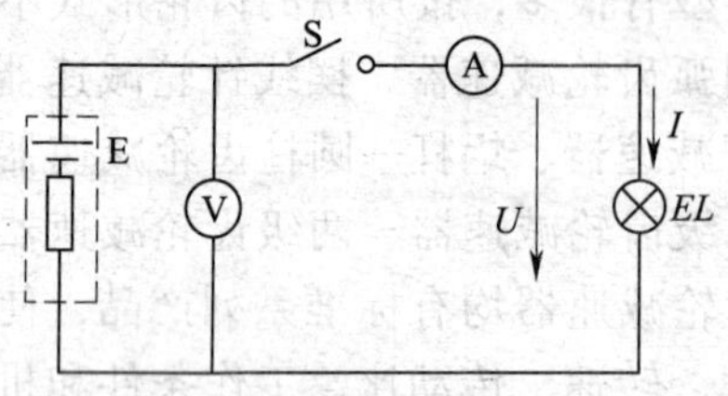

图 1—54　简单的直流电路图

(2) 负载

它将电能转化为其他形式能。

(3) 导线

是连接电源、负载和控制器件的导体，为电流提供通路并传输电能。

(4) 控制电器

在电路中起接通、断开、保护、测量等作用。

根据电源的性质不同，电路可分为直流电路和交流电路，电路中的电压和电流的大小及方向不随时间变化的电路称为直流电路，反之，电路中电压和电流的大小及方向都随时间发生变化的电路称为交流电路。根据负载的连接方式不同，电路又可分为串联电路和并联电路。电路中所有组成元件首尾依次相连的电路称为串联电路；所有负载（电源）的输入端和输出端分别被连接在一起的电路称为并联电路。

2. 电路中的主要参数

(1) 电流

在电路中，电荷有规则的定向移动称为电流，电流是电路中能量传输的载体。电流既有大小，又有方向。电流大小和方向都不随时间变化的电流称为直流电，用字母“DC”表示或用符号“－”表示；大小和方向随时间变化的电流称为交流电，用字母“AC”表示或用符号“～”表示。

电流的大小用电流强度来衡量，电流强度是指单位时间内，通过导体任一横截面的电荷量，通常用“I”来表示，习惯上电流强度就简称为电流。电流强度的单位为 A（安培，简称安）电流强度常用的单位还有 kA、mA 和 μA，它们的换算关系为：

$$1\ \text{kA}=10^{3}\ \text{A}$$

$$1\ \text{mA}=10^{-3}\ \text{A}$$

$$1\ \mu\text{A}=10^{-6}\ \text{A}$$

测量电流的仪表叫做电流表，又称安培表，分直流电流表和交流电流表两类。使用电流表测量时，必须将电流表串联在被测电路中（见图 1—53 中Ⓐ的接法），同时还要注意每一块电流表都有一定的测量范围，使用时应先估算一下电路中电流的大小，选择量程合适的电流表。

(2) 电压

电路中电荷的规则移动（电流）是由电位差引起的，在电路中正电荷从高电位向低电位流动，并规定此方向为电流的正方向。这个电位差就称为电压，用符号“U”表示。电压的单位为 V（伏特，简称伏）。常用的单位还有 kV（千伏）、mV（毫伏），换算关系为：

$$1\ \text{kV}=10^{3}\ \text{V}$$

$$1\ \text{mV}=10^{-3}\ \text{V}$$

测量电压的仪表叫电压表，又称伏特表，分为直流电压表和交流电压表两类。测量电压时，必须将电压表并联在被测电路中（见图 1—53 中 Ⓥ 的接法）。注意，电压表也有一定的量程，使用时，所测的电路电压不允许超过表的测量范围（即量程）。

在工业生产中，电压按等级分为高压、低压和安全电压。高压是指电气设备对地电压在 250 V 以上；低压是指电气设备对地电压在 250 V 以下；安全电压又分为五个等级：42 V、36 V、24 V、12 V、6 V。

（3）电能

电流在一段电路上所做的功，称为电能或电量，常用的度量单位为 kW·h（千瓦·时，俗称度）。若电功率为 1 kW，通电时间为 1 h（小时），则电流所做的功就是 1 kW·h（即 1 度）。

（4）电功率

电功率是衡量电流做功快慢的物理量，电流单位时间内所做的功称为电功率。计算公式为：

$$P = UI \qquad (1—32)$$

式中 U———段电路的电压，V；

I——通过此段电路的电流，A；

P——电流的功率，W（瓦），1 W = 1 V·A。

常用的电功率的单位还有：kW 和 MW，换算关系为：

$$1\ \mathrm{kW} = 10^3\ \mathrm{W}$$

$$1\ \mathrm{MW} = 10^6\ \mathrm{W}$$

3. 电路的状态

电路有三种状态，即：

（1）通路

当电路的开关闭合，负载中有电流通过时称为通路。通路时电路处于正常工作状态。

（2）开路

也称断路，指电路中开关打开或电路中某处断开的状态，开路时电路中无电流流过。

（3）短路

电源两端的导线因某种原因未经过负载而直接连通时称为短路。短路时负载中无电流通过，流过导线的电流比正常工作时大几十倍甚至几百倍，短时间内就会使导线产生大量的热量，造成导线熔断或过热，甚至烧毁电源或由此引发火灾。短路是一种事故状态，应尽量避免。

二、交流电

我国使用的交流电普遍采用的是50 Hz的正弦交流电。交流电是由交流发电机产生的，发电机主要由定子和转子组成，若转子的表面装有三个完全相同且在空间互成120°的独立绕组，则每个绕组叫做一相，每相都产生相位相差120°按正弦规律变化的电压。这样的发电机发出的交流电共有三相，故又称三相交流电。

三相交流电路有星形（Y形）接法和三角形接法。如图1—55所示，若将三相交流电源的三个线圈的末端X、Y、Z连接在一起，成为三个线圈的公用点，通常称它为中点或零点，并用字母O表示，这种接法就称为星形（Y形）接法。供电时，引出四根线，即从中点O引出称为中线或零线的一根导线；从三个线圈的首端分别引出A线、B线、C线三根导线，这三根导线统称为相线或火线。在星形接线中，如果中点与大地相连，中线也称为地线。电源的这种供电方式称为三相四线制，三相四线制是常用的供电方式。

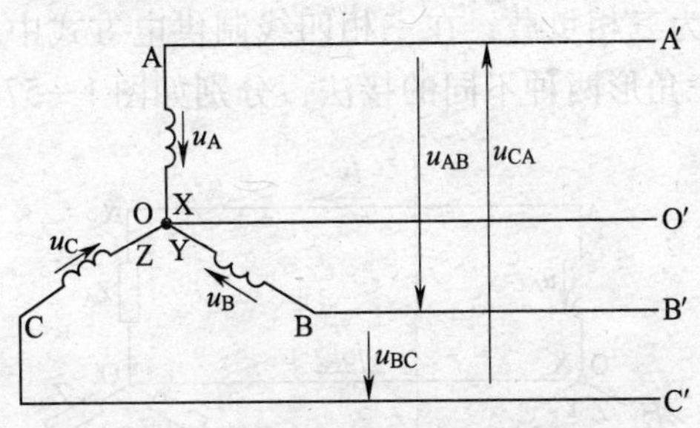

图1—55　三相交流电电源的星形接法

在三相四线制中，每根火线与地线间的电压叫相电压（见图1—55中的U_A、U_B、U_C），火线间的电压叫线电压（见图1—55中的U_{AB}、U_{BC}、U_{CA}），因为三相交流电源的三个线圈产生的交流电压相位相差 120°，三个线圈作星形联结时，线电压等于相电压的$\sqrt{3}$倍。通常所说的电压是 220 V，380 V，就是三相四线制供电时的相电压和线电压。采用相电压的供电方式又称为单相电，与此相应的负载称为单相负载，在日常生活中所接触到的负载，如电灯、电视机、电冰箱、电风扇等家用电器及单相电动机都属于单相负载。

如图 1—56 所示，若将三相交流电源的三个线圈的末端 X、Y、Z 首尾相连连接在一起，供电时从三个连接点分别引出三根导线，这种接法就称为三角形接法。

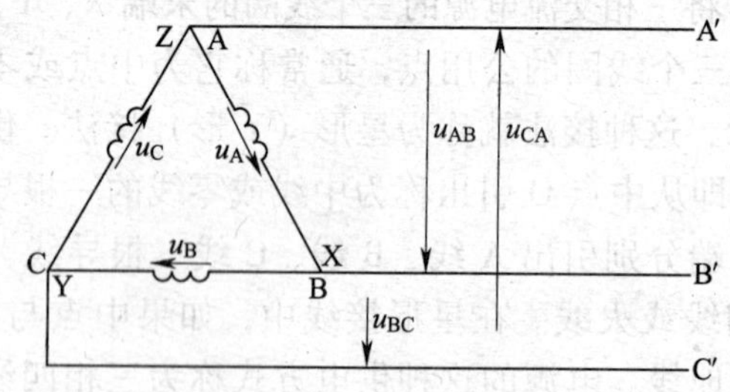

图 1—56　三相交流电电源的三角形接法

若负载为三相负载，在三相四线制供电方式中，也有星形（Y 形）和三角形两种不同的接法，分别如图 1—57 和图 1—58 所示。

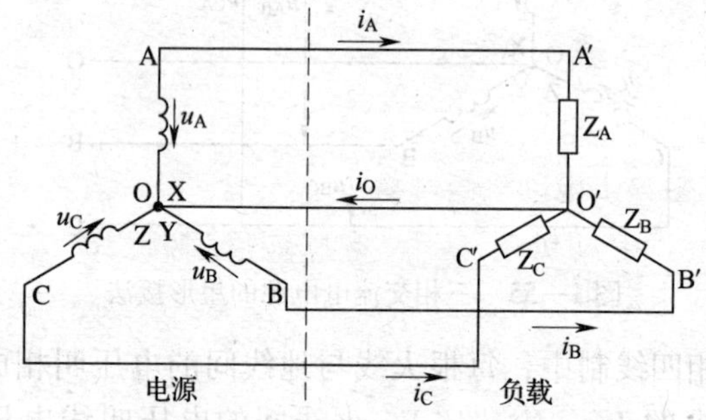

图 1—57　负载的星形（Y 形）接法

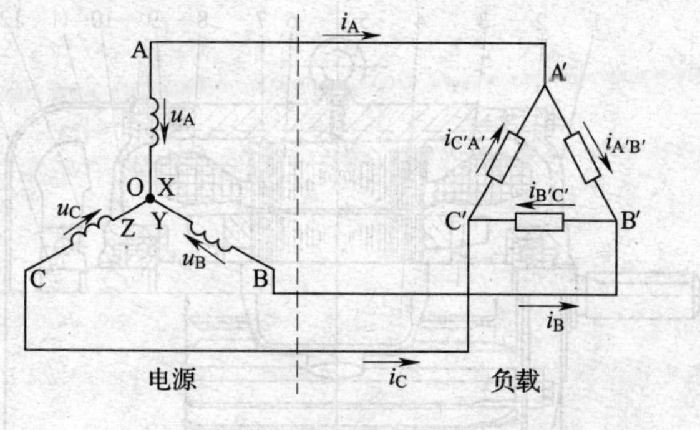

图 1—58　负载的三角形接法

按照国标规定，在交流供电系统中，电源的 A、B、C 三相分别用 L_1、L_2、L_3表示，相色分别为黄色（Y）、绿色（G）和红色（R）。此外，还规定中线为蓝色，地线用黄绿色。

三、三相异步电动机

电动机的种类有很多，按电动机的工作电源不同可分为直流电动机和交流电动机，其中交流电动机又分为单相电动机和三相电动机；按电动机的结构和工作原理可分为直流电动机、异步电动机和同步电动机；按用途可分为驱动电动机和控制电动机等。其中，三相异步电动机由于具有结构简单、制造方便、功率大、运行性能好、可节省各种材料、价格便宜等优点，应用十分广泛。

1. 三相异步电动机的结构

三相异步电动机是基于电磁感应原理制造的一种电动机，故又称感应电动机。它主要由转子、定子、转轴、端盖、轴承、风扇、接线盒、机座等组成，如图 1—59 所示。其中定子和转子是三相异步电动机的两个基本组成部分。

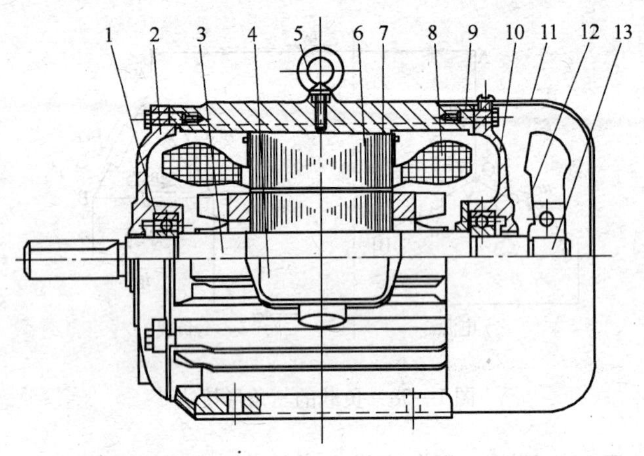

图 1—59　封闭式三相笼型异步电动机结构图

1—轴承　2—前端盖　3—转轴　4—接线盒　5—吊环　6—定子铁心　7—转子
8—定子绕组　9—机座　10—后端盖　11—风罩　12—风扇　13—转轴

(1) 转子

定子用来产生旋转磁场。三相电动机的定子一般由外壳、定子铁心、定子绕组等部分组成。

1) 定子铁心。异步电动机定子铁心是电动机磁路的一部分，由 0. 35 ~0. 5 mm 厚表面涂有绝缘漆的薄硅钢片叠压而成。由于硅钢片较薄而且片与片之间是绝缘的，所以减少了由于交变磁通通过而引起的铁心涡流损耗。铁心内圆有均匀分布的槽口，用来嵌放定子绕组。

2) 定子绕组。定子绕组是三相电动机的电路部分，三相电动机有三相绕组，通入三相对称电流时，就会产生旋转磁场。三相绕组由三个彼此独立的绕组组成，且每个绕组又由若干线圈连接而成。每个绕组即为一相，每个绕组在空间相差 120°电角度。线圈由绝缘铜导线或绝缘铝导线绕制。中、小型三相电动机多采用圆漆包线，大、中型三相电动机的定子线圈则用较大截面的绝缘扁铜线或扁铝线绕制后，再按一定规律嵌入定子铁心槽内。定子三相绕组的六个出线端都引至接线盒上，首端分别标为 U1，V1，W1，末端分别标为 U2，V2，W2。这六个出线端按顺序分两排排列在接线盒里，可以接成星（Y）形或三角形。

（2）转子

转子主要由转子铁心、转子绕组和转轴组成。

1）转子铁心。用 0.35 ~ 0.5 mm 厚的硅钢片叠压而成，套在转轴上，作用和定子铁心相同，一方面作为电动机磁路的一部分，一方面用来安放转子绕组。

2）转子绕组。异步电动机的转子绕组分为绕线型与笼型两种，根据转子结构不同，三相异步电动机又分为绕线转子异步电动机与笼型异步电动机。

①绕线型转子绕组。与定子绕组一样也是一个三相绕组，一般接成星形，三相引出线分别接到转轴上的三个与转轴绝缘的集电环上，通过电刷装置与外电路相连，这种结构的优点是能在转子电路中串接电阻或电动势以改善电动机的运行性能。

②笼型转子绕组。在转子铁心的每一个槽中插入一根铜条，在铜条两端各用一个铜环（称为端环）把导条连接起来，称为铜排转子，如图 1—60a 所示。也可用铸铝的方法，把转子导条和端环风扇叶片用铝液一次浇铸而成，称为铸铝转子，如图 1—60b 所示。100 kW 以下的异步电动机一般采用铸铝转子。

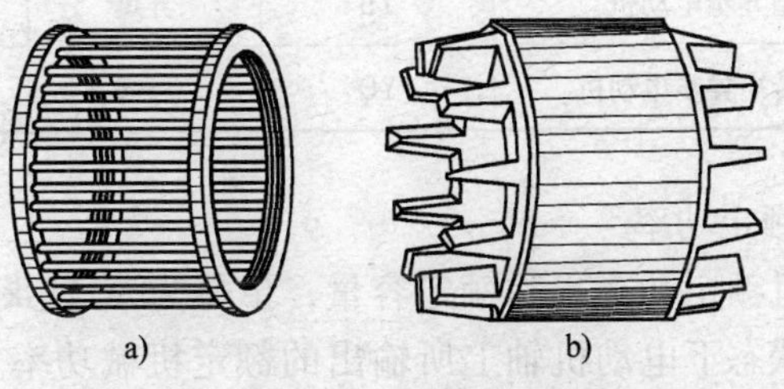

图 1—60　笼型转子绕组

a）铜排转子　b）铸铝转子

2. 三相异步电动机的主要技术参数

(1) 型号

为了适应不同用途和不同工作环境的需要，电动机制成不同的系列，每种系列用不同的型号表示。国产中小型三相电动机型号的系列为 Y 系列，是按国际电工委员会 IEC 标准设计生产的三相异步电动机，它是以电动机中心高度为依据编制型号的，如图 1—61 所示。

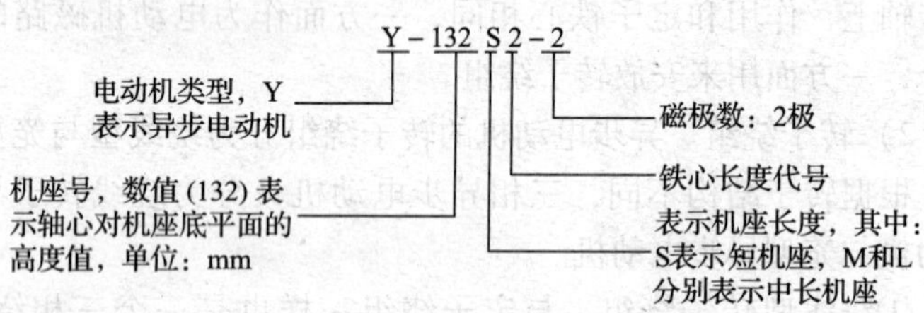

图 1—61 电动机型号的表示方法

其他类型的异步电动机的代号及新老代号对照见表 1—13。

表 1—13 异步电动机产品名称代号

产品名称	新代号	汉字意义	老代号
异步电动机	Y	异	J、J0
绕线型异步电动机	YR	异绕	JR、JR0
防爆型异步电动机	YB	异爆	JB、JB0
高启动转矩异步电动机	YQ	异起	JQ、JQ0

(2) 额定功率

电动机额定功率也称额定容量，单位为 W 或 kW。是指在满载工作状态下电动机轴上所输出的额定机械功率。电动机正常工作时不允许超载，即不允许超过电动机的额定功率。

(3) 额定电压

额定电压是指电动机正常工作时的电压，单位为 V 或 kV。三相电动机要求所接的电源电压值的变动一般不应超过额定电压的 ±5%。电压过高，电动机容易烧毁；电压过低，电动机难以启动，即使启动后电动机也可能带不动负载，容易烧坏。

（4）额定电流

额定电流是指三相电动机在额定电源电压下，输出额定功率时，流入定子绕组的线电流，单位为 A。若超过额定电流过载运行，三相电动机就会过热乃至烧毁。

（5）额定频率

额定频率是指电动机所接的交流电源每秒钟内周期变化的次数，单位为 Hz。我国规定标准电源频率为 50 Hz。

（6）额定转速

额定转速表示三相电动机在额定工作条件下运行时每分钟的转速，单位为 r/min。三相异步电动机的同步转速（n_0）由磁极对数决定，如 1 对磁极，n_0 = 3 000 r/min，2 对磁极，n_0 = 1 500 r/min等；额定转速略低于相应的同步转速，如 n_0 = 1 500 r/min时，电动机的额定转速为 1 440 r/min。

（7）接线方法

三相电动机定子绕组的连接方法有星形（Y）和三角形（△）两种。定子绕组只能按规定方法连接，不能任意改变接法，否则会损坏三相电动机。

图 1—62 和图 1—63 分别是三相异步电动机的星（Y）形接法和三角（△）形接法图。

（8）绝缘等级

绝缘等级是按电动机绕组所用的绝缘材料在使用时允许的极限温度来分级的。所谓极限温度，是指电动机绝缘结构中最热点的最高允许温度。电动机的绝缘等级及允许的最高工作温度见表 1—14。

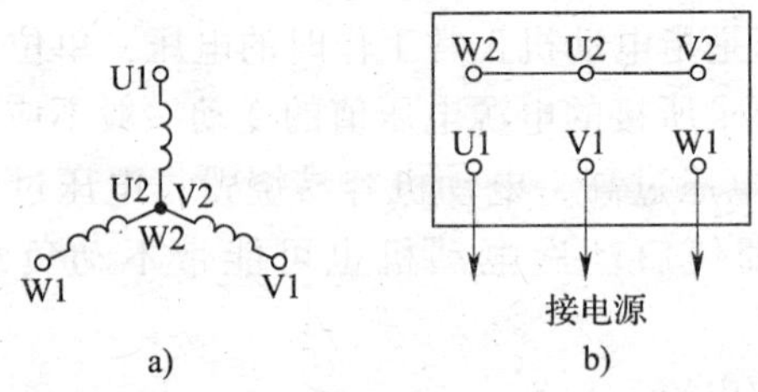

图 1—62　三相异步电动机星（Y）形接法

a）原理图　b）接线端子接法

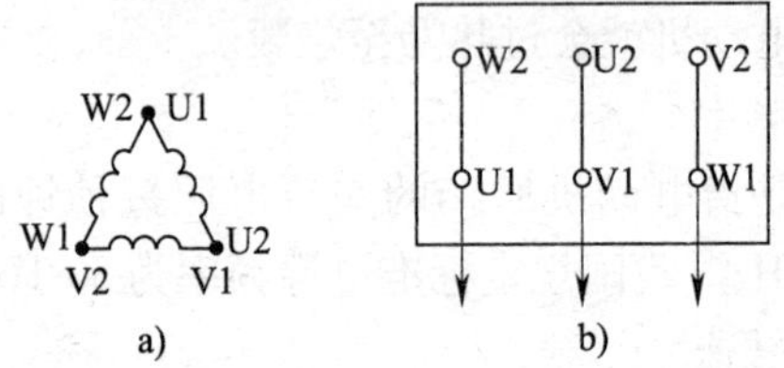

图 1—63　三相异步电动机三角（△）形接法

a）原理图　b）接线端子接法

表 1—14　电动机的绝缘等级及允许的最高温度

绝缘等级	Y	A	E	B	F	H	C
最高工作温度（℃）	90	105	120	130	155	180	>180

（9）防护等级

防护等级表示三相电动机外壳的防护等级，用 IP 作为防护等级的标志符号，再在其后面跟两位阿拉伯数字来表示电动机防止固体和水侵入的能力。数字越大，防护能力越强，如 IP44 中第一位数字“4”表示电动机能防止直径或厚度大于 1 mm 的固体进入电动机内壳。第二位数字“4”表示能承受任何方向的溅水。

电动机出厂时，会在机壳上钉上一块标有诸如型号规格、额定功率、额定转速等主要技术参数的牌子，这个牌子称为铭牌，它是电动机选择、安装、使用和修理的重要依据，必须认真阅读。

3. 三相异步电动机的运行与维护

（1）电动机启动前的检查

1）电动机上和附近有无杂物和人员。

2）电动机所拖动的机械是否完好。

3）大型电动机轴承的启动装置中油位是否正常。

4）绕线型电动机的电刷与滑环接触是否紧密。

5）转动电动机转子或其拖动的机械设备，检查电动机和拖动的设备转动是否正常。

（2）电动机运行中的监视与维护

1）电动机的温升及发热情况。

2）电动机的运行负荷电流值。

3）电源电压的变化。

4）三相电压和三相电流的不平衡度。

5）电动机的振动情况。

6）电动机运行的声音和气味是否正常。

7）电动机的周围环境、使用条件。

8）电刷是否冒火或有其他异常现象。

四、常用低压电器

低压电器是指额定工作电压在交流 1 200 V 以下和直流 1 500 V以下的电器，其在电路中的基本作用是根据外界信号或要求，自动或手动接通、分断电路，连续或断续地改变电路状态，对电路进行切换、控制、保护、检测和调节。低压电器种类繁多，构造各异，功能多样，用途广泛，工作原理各不相同，常用低压电器的分类方法也有很多。按用途或控制对象可分为配电电器和控制电器。其中，常用的配电电器有：刀开关、转换开关、熔断器、断路器等；常用的控制电器有：接触器、继电器、启动器、主令电器、电磁铁等。以下主要介绍几种起重机械中常用的低压电器。

1. 主令电器

主令电器用于在控制电路中以开关接点的通断来发布控制命令，使控制电路执行对应的控制任务。主令电器应用广泛，种类繁多，常见的有按钮、行程开关、接近开关、万能转换开关、主令控制器、选择开关、足踏开关等。

（1）按钮

按钮是一种最常用的主令电器，其结构简单，控制方便。按钮主要由按钮帽、复位弹簧、桥式触点和外壳等组成，如图1—64所示。

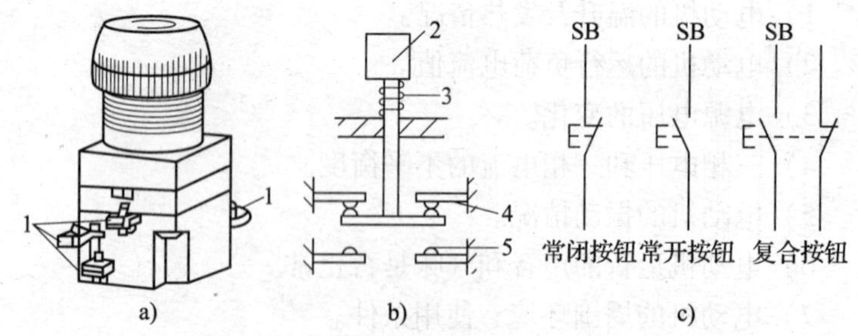

图1—64　按钮的结构示意图及图形符号

a）外形图　b）结构示意图　c）图形符号

1—接线柱　2—按钮帽　3—复位弹簧　4—常闭静触头　5—常开静触头

按钮是一种用于短时接通或断开小电流电路的手动电器，常用于控制电路中发出启动或停止等指令，以控制接触器、继电器等电器的线圈电流的接通或断开，再由它们去接通或断开主电路。

如图1—64所示是几种常用的按钮产品的外观。

（2）位置开关

位置开关又称行程开关或限位开关，可将机械信号转换为电信号，以实现对机械运动的控制。图1—65是常见的行程开关的外形图。

图 1—64 几种常用的按钮开关

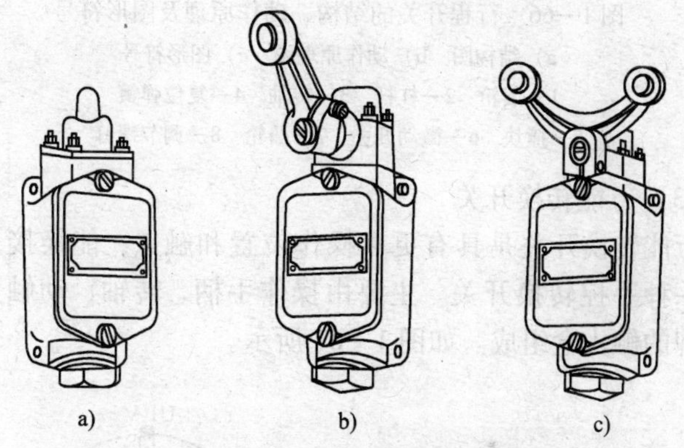

图 1—65 JLXK1 型行程开关外形图

a）按钮式 b）单轮旋转式 c）双轮旋转式

行程开关不需要人工操作，当运动机械的挡铁压到滚轮上时，杠杆连同转轴一起转动，并推动撞块，当撞块被压到一定位置时，推动微动开关动作，使常开触头分断，常闭触头闭合，而当运动机械的挡铁离开后，复位弹簧使行程开关各部位部件恢复常态。行程开关的结构、动作原理及图形符号如图 1—66 所示。

行程开关被广泛应用于顺序控制、运动方向、行程、零位、限位、安全及自动停止、自动往复等控制系统中。

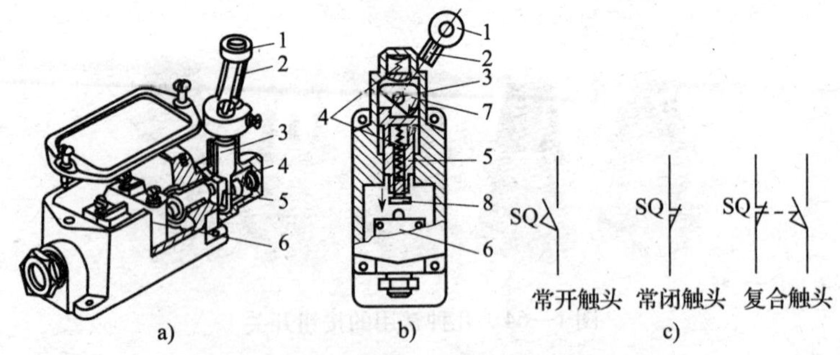

图 1—66　行程开关的结构、动作原理及图形符号

a）结构图　b）动作原理图　c）图形符号

1—滚轮　2—杠杆　3—转轴　4—复位弹簧

5—撞块　6—微动开关　7—凸轮　8—调节螺钉

（3）万能转换开关

万能转换开关是具有更多操作位置和触点，能换接多个电路的一种手控转换开关。主要由操作手柄、转轴、动触头及带号码牌的触头盒组成。如图 1—67 所示。

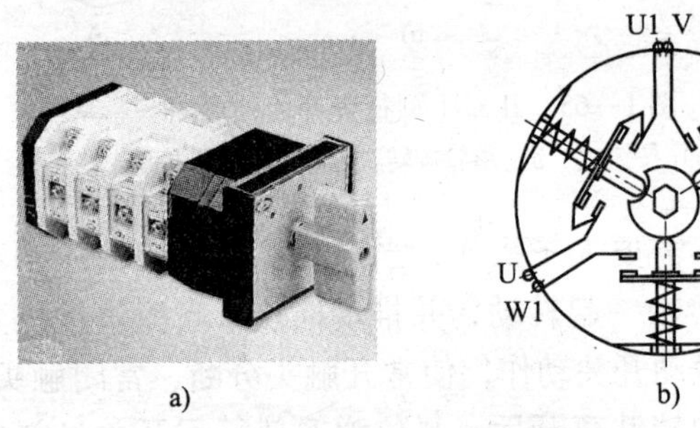

图 1—67　LW6 万能转换开关

a）外形图　b）结构示意图

万能转换开关在电路中的符号如图 1—68a 所示，中间的竖线表示手柄的位置，当手柄处于某一位置时，处在接通状态的触头下方虚线上标有小黑点。触头的通断状态也可以用触头分

合表来表示，如图1—68b所示，“×”号表示触头闭合，空白表示触头断开。

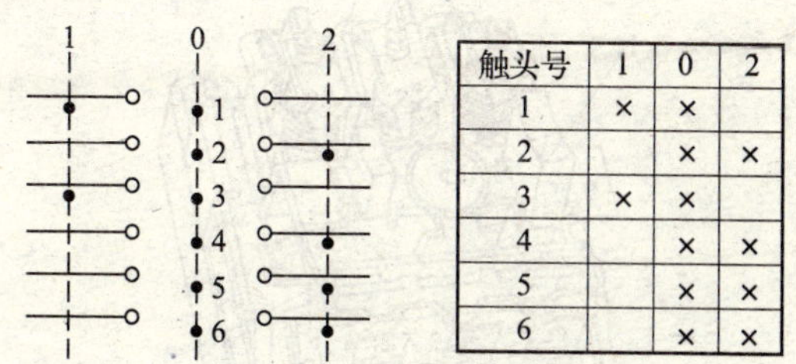

触头号	1	0	2
1	×	×	
2		×	×
3	×	×	
4		×	×
5		×	×
6		×	×

图1—68　LW6万能转换开关图形符号及触头分合表

a）图形符号　b）触头分合表

万能转换开关主要用于控制电路换接，也可用于小容量电动机的启动、换向、调速和制动控制等。常用的万能转换开关有LW2、LW4、LW5－15D、LW5－10、LW6、LWX2等系列。在QT30以下的塔式起重机上一般使用LW5型转换开开关。

（4）主令控制器

主令控制器又称主令开关，是一种可频繁切换复杂的多回路控制电路的主令电器，主要用于电力拖动系统中，按照预定的程序分合触头，向控制系统发出指令，通过接触器完成对电动机启动、制动、调速和反转的控制。塔式起重机的联动操作台就属于主令控制器，用于操作起重机的回转、变幅、升降等。

2. 低压断路器

低压断路器又叫自动空气开关或空气断路器，相当于刀开关、熔断器、热继电器、过电流继电器和欠压继电器的组合，是一种既有手动开关作用又能自动进行欠压、失压、过载和短路保护的电器。

低压断路器主要由触头系统、操作机构和保护元件三部分组成。其内部结构如图1—69所示。

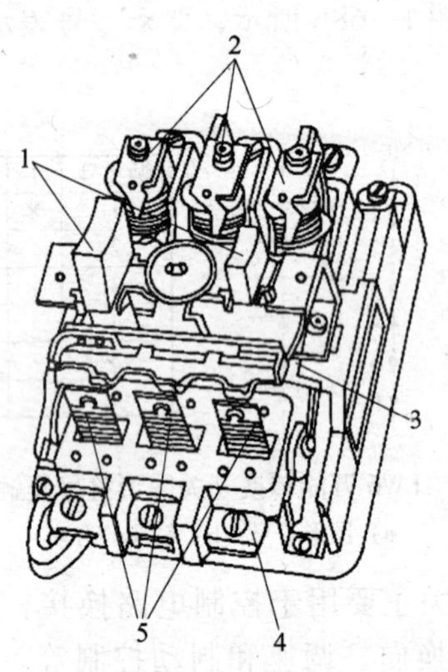

图 1—69 低压断路器内部结构图

1—按钮 2—电流脱扣器 3—自由脱扣器 4—接线柱 5—热脱扣器

低压断路器的工作原理如图 1—70a 所示，其主触头通过操作机构手动或电动合闸的，主触头闭合后，自由脱扣机构将主触头锁在合闸位置上。过电流脱扣器的线圈和热脱扣器的热元件与主电路串联，欠压脱扣器的线圈与主电路并联。当电路发生短路或严重过载时，过电流脱扣器的衔铁被吸合，使自由脱扣机构动作。当电路过载时，热脱扣器的热元件产生的热量增加，加热双金属片，使之向上弯曲，推动自由脱扣机构动作。当电路欠压时，欠压脱扣器的衔铁释放，也使自由脱扣机构动作。自由脱扣机构动作时，使开关自动跳闸，主触头断开分断电路。分离脱扣器则作为远距离控制分断电路和防止电路漏电之用。

低压断路器的主要参数是额定电压、额定电流和允许切断的极限电流。选择时低压断路器的允许切断极限电流应略大于线路最大短路电流。图 1—71 是几种常见的低压断路器产品。

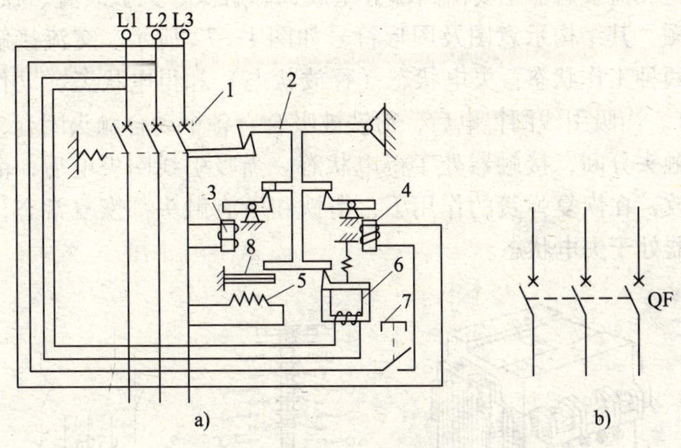

图 1—70 低压断路器工作原理图和图形符号

a）工作原理图 b）图形符号

1—主触头 2—自由脱扣器 3—电流脱扣器 4—分离脱扣器

5—热脱扣器 6—欠压脱扣器 7—按钮 8—热元件

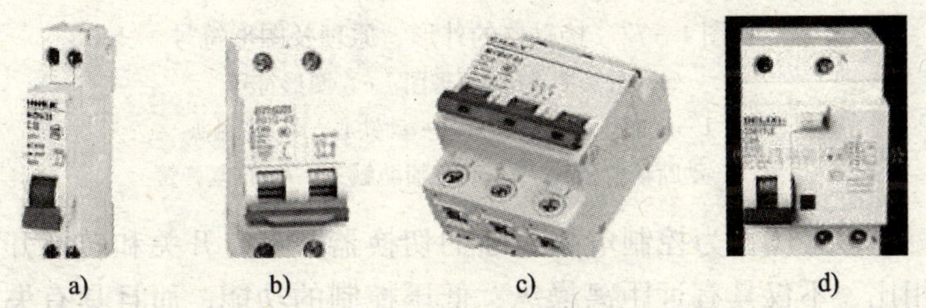

图 1—71 常见的低压断路器

a）单元件断路器 b）单相断路器 c）三相断路器 d）带漏电保护的断路器

3. 交流接触器

交流接触器是一种用来频繁接通或断开主电路及大功率控制电路的自动切换电器。它是利用自身线圈通入电流产生的电磁吸力与弹簧弹力配合动作，使触头闭合或分断，以达到控制负载电路通断的目的。

交流接触器主要由四部分组成，即触头、灭弧装置、铁心、线圈。其结构示意图及图形符号如图 1—72 所示。交流接触器有两种工作状态：失电状态（释放状态）和得电状态（动作状态）。当吸引线圈得电后，衔铁被吸合，各个动合触头闭合，动断触头分断，接触器处于得电状态。当吸引线圈失电后，衔铁释放，在恢复弹簧的作用下，衔铁和所有触头都恢复常态，接触器处于失电状态。

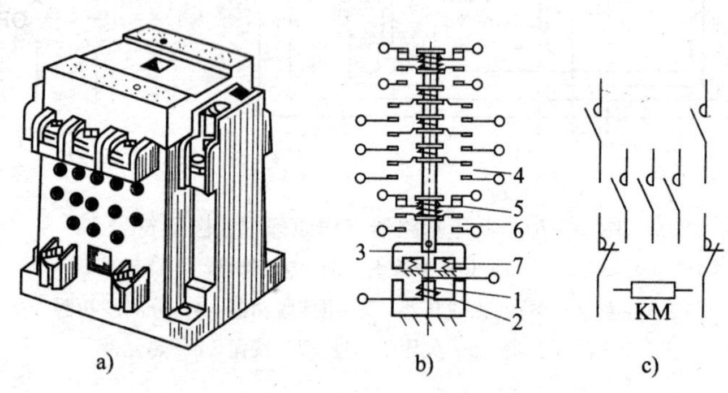

图 1—72　接触器的外形、原理及图形符号

a）外形图　b）原理图　c）图形符号

1—线圈　2—静铁心　3—动铁心　4—主触头

5—动断辅助触头　6—动合辅助触头　7—恢复弹簧

接触器作为控制电路通断的切换器，与刀开关和转换开关相比，不仅具有远距离操纵、低压控制的功能，而且具有失压与欠压保护的功能。是电力拖动和控制系统中应用最为广泛的一种电器。

4. 继电器

继电器是一种自动控制电器，在一定的输入参数下，它受输入端的影响而使输出参数有跳跃式的变化。常用的继电器有中间继电器、热继电器、时间继电器和温度继电器等。图 1—73 是几种常见的继电器产品外形图。

a)

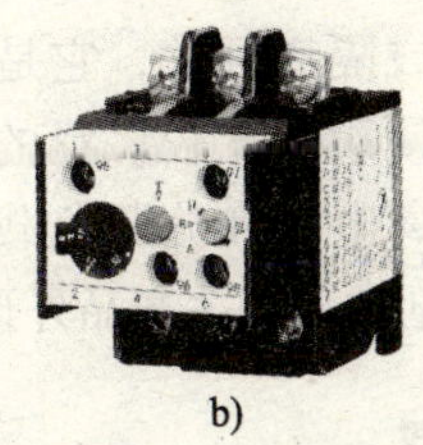

b)

c)

图 1—73　几种常见的继电器

a）中间继电器　b）热继电器　c）时间继电器

在起重机械中最常用的是热继电器，热继电器是根据控制对象温度的变化控制电流通断的电器，即利用电流的热效应而动作的电器。主要用于电动机的过载、断相及电流不平衡的保护及其他电气设备发热状态的控制。

5．漏电保护器

漏电保护器俗称漏电开关，是用于在电路或电器绝缘受损发生对地短路时防止人身触电和电气火灾的保护电器。

为保障安全，目前市场上的漏电保护器根据动作电流的大小不同分为三类：

1）动作电流值在 10 mA 及以下的产品，主要用于防止潮湿场所的人身触电。

2）动作电流为 15 ~ 30 mA 的产品，用于防止一般场所的人身触电，如电动工具等。

3）动作电流 100 mA 及以上的产品，主要用于开关柜等，可防止漏电引起的火灾。

一般的漏电保护器的动作时间不大于 0. 1 s。具有反时限作用和防止漏电火灾用的保护器，动作时间在 0. 1 ~2 s。

漏电保护器按结构和功能不同分为漏电开关、漏电断路器、漏电继电器、漏电保护插头、插座等。漏电保护器按极数还可分为单极、两极、三极和四极等多种。

6. 刀开关

刀开关又称闸刀开关或隔离开关，它是手动控制电器中结构最简单，价格较便宜，使用又比较广泛的一种低压电器。刀开关在电路中的作用是隔离电源和分断负载。刀开关的类型较多，图 1—74 是几种较常见的刀开关产品外形图。

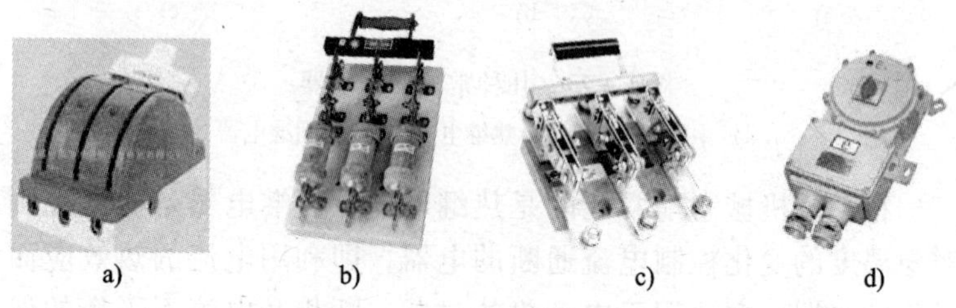

图 1—74　几种不同类型的刀开关

a）胶盖刀开关　b）带熔断器的刀开关　c）三相刀开关　d）防爆刀开关

第二章

起重机械基础知识

第一节　建筑施工常用的起重机械

起重机械的种类有很多，在建筑工程施工中常用的起重机械主要有起重卷扬机、物料提升机、施工升降机、塔式起重机以及流动式起重机等。

一、电动卷扬机

电动卷扬机是起重吊装作业中一种重要的机械，它构造简单、结构紧凑、体积小、操作简便、牵引力大，既可用于垂直吊运，也可用于水平牵引，因此，广泛应用于民用建筑、工业建筑和设备安装等工作中。

电动卷扬机既可以单独使用，也可以作为某些起重机械的驱动装置使用。电动卷扬机是物料提升机的重要组成部分，作为物料提升机的驱动装置与钢丝绳、滑轮以及载物装置等构成起升系统。

1. 电动卷扬机的类型

电动卷扬机的类型有很多，一般可按以下方法分类：

按电动卷扬机牵引速度不同可分为快速、慢速和调速卷扬机三种，建筑卷扬机国家标准中规定了卷扬机按速度和是否具有溜放功能分为高速、快速、快速溜放、慢速、慢速溜放和调速六种类型。

按电动卷扬机卷筒数不同分为单卷筒卷扬机和双卷筒卷扬机两种。

按电动卷扬机传动形式不同分为可逆式和摩擦式两种。

此外，建筑电动卷扬机按额定载荷大小不同从5～500 kN又可分为共计20个标准规格系列。

快速卷扬机通常为摩擦式卷扬机，有单筒和双筒两种，钢丝绳的牵引速度为30～40 m/min，不加省力滑轮组时的单绳牵引力较小，一般为5～80 kN，在建筑安装施工中，常用做桅杆式起重机、物料提升机等的起升驱动装置。

慢速卷扬机多为单卷筒，钢丝绳的牵引速度为7～13 m/min，单绳牵引力为20～200 kN。一般可逆齿轮箱式卷扬机属于慢速卷扬机。由于慢速卷扬机牵引力大，荷重下降时安全可靠，故常用于构件设备的吊装、运输和机械的安装工作。

2. 电动卷扬机的代号

在最新的建筑卷扬机国家标准中，未对卷扬机的代号做出统一规定。实践中由生产企业自定，国产建筑卷扬机常以卷筒数目和传动方式来划分类型，如JJK、JJ2K、JJM等，其代号的表示方法如图2—1所示。

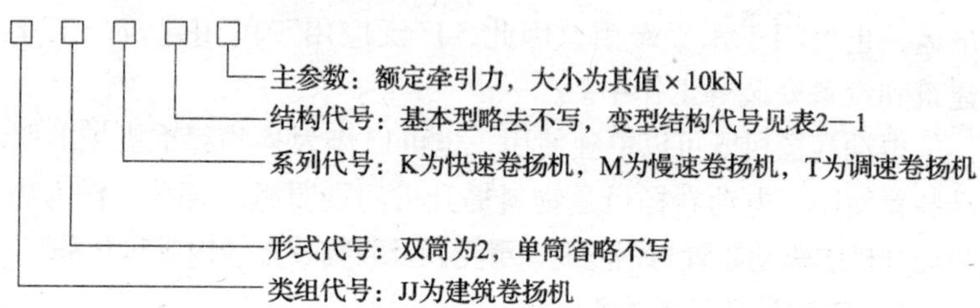

图2—1　建筑卷扬机的代号

表2—1　卷扬机变型结构代号

蜗轮蜗杆传动机构卷扬机	W
行星齿轮传动机构卷扬机	X
圆柱齿轮减速器传动电控卷扬机	T
内胀式离合器作用于卷筒卷扬机	Z

快速系列卷扬机基本结构通常采用圆锥摩擦离合器并作用在卷筒上，慢速系列卷扬机基本结构采用圆柱齿轮传动。

3. 电动卷扬机的构造及传动原理

（1）可逆式单筒卷扬机

可逆式单筒卷扬机一般由机架、卷筒、减速齿轮箱、电磁式双瓦块制动器和电动机等组成。如图2—2a所示，图2—2b是其传动系统原理图。

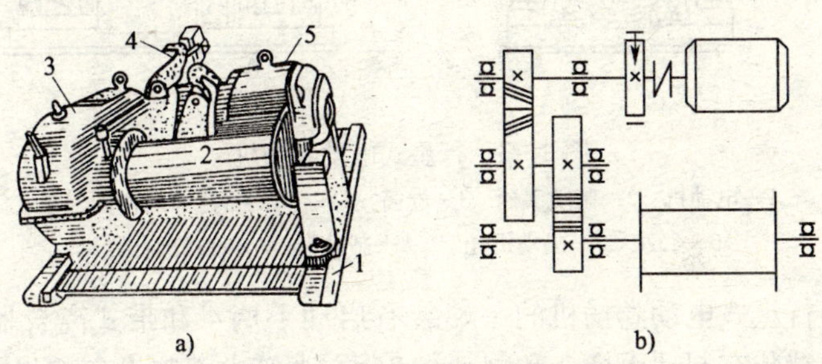

图2—2 可逆式电动单筒卷扬机

a）外形图 b）传动系统原理图

1—机架 2—卷筒 3—齿轮箱 4—电磁式双瓦块制动器 5—电动机

提升重物时，卷扬机接通电源，电磁铁吸合，制动器松开，电动机通过齿轮箱带动卷筒旋转，卷筒卷绕钢丝绳提升重物；切断电源，则电磁铁松开，制动瓦块在弹簧力的作用下合闸，卷筒立即停止旋转。

下降重物时，按动下降按钮，电源接通，制动器松开，电动机反转，卷筒也随之反转放出钢丝绳，重物下降。

（2）行星式电动卷扬机

行星式电动卷扬机由于采用了行星齿轮传动，因而结构更加紧凑，操作更加方便。它主要由电动机、行星齿轮减速装置、卷筒、启动制动装置、轴承支架及机座等组成，如图2—3所示。

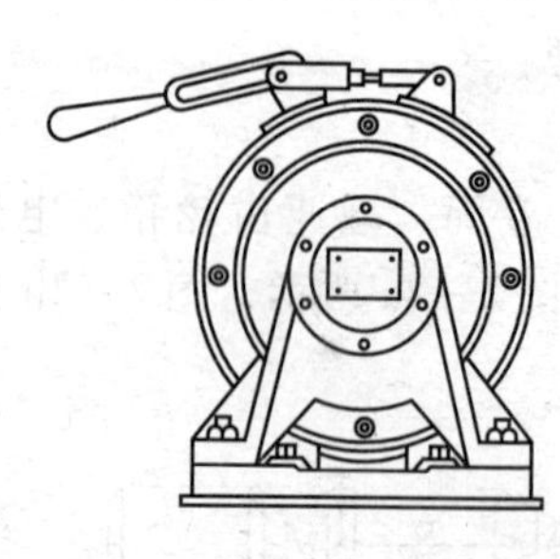
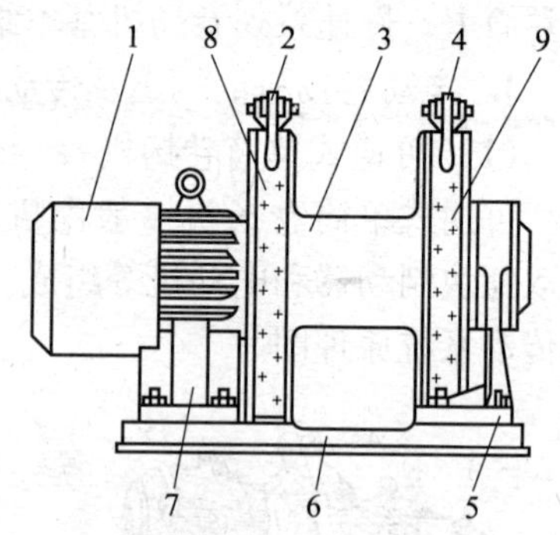

图 2—3　行星式电动卷扬机

1—电动机　2—制动手柄　3—卷筒　4—启动手柄　5—轴承支架
6—底座　7—电动机托架　8—制动带　9—带式离合器

行星式电动卷扬机的一端装有启动手柄 4 和带式离合器 9，另一端装有制动手柄 2 和制动带 8，在卷筒内部装设变速齿轮系统，这种卷扬机采用两组齿轮传动，其中有一组行星齿轮传动。

启动时，按下启动手柄 4，使带式离合器 9 抱合大内齿轮，同时放松制动手柄 2，使制动带 8 放松。由于大内齿轮不能转动，而行星齿轮轴与卷筒相连，即带动卷筒旋转。

制动停止时，按下制动手柄 2，同时放松启动手柄 4，由于放松了启动手柄 4，离合器 9 松开大内齿轮，行星齿轮带动大内齿轮空转。因为这时行星齿轮只有自转，所以不能带动卷筒旋转，与此同时，制动带刹住卷筒，使卷筒立即停止转动。

操作时，启动手柄与制动手柄动作方向相反。

行星式电动卷扬机落重时，依靠物体的自重力带动卷筒反向旋转下降，下降速度由制动带控制。

（3）摩擦式电动卷扬机

摩擦式电动卷扬机主要由电动机、齿轮、卷筒、摩擦块、棘轮、手摇柄及机座等组成，如图 2—4 所示。

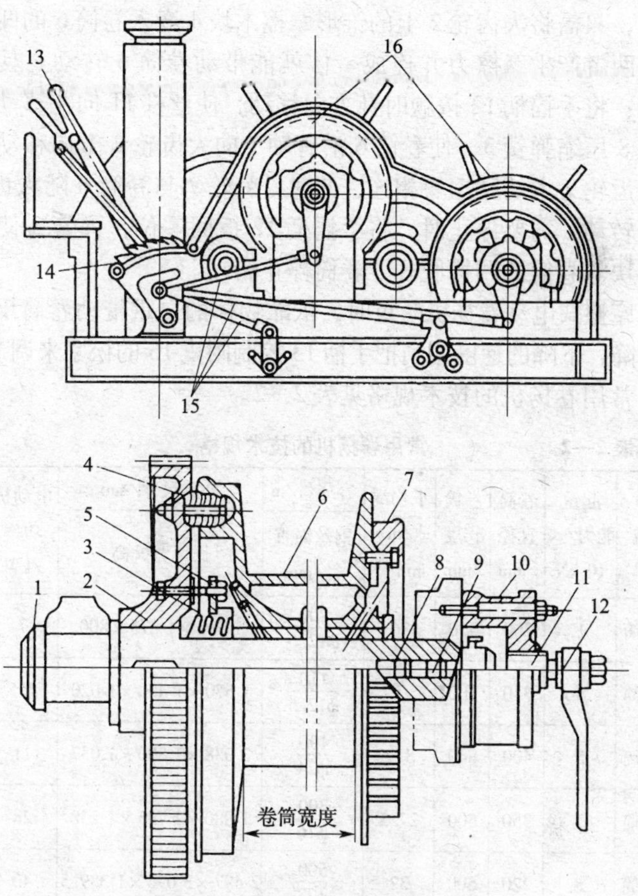

图 2—4　摩擦式电动卷扬机示意图

1—轴　2—大齿轮　3—弹簧　4—摩擦木块　5—弹簧压板　6—卷筒　7—棘轮　8—推进滑块　9—插销　10—支座　11—丝杠　12—手摇柄　13—闸把手柄　14—闸位极限齿　15—闸把拉杆　16—闸皮

摩擦式电动卷扬机是由电动机带动小齿轮和大齿轮 2 转动，大齿轮 2 和卷筒 6 是分开安装在同一根轴上的。它们之间没有互相连接的键和螺栓，所以，当手摇柄 12 处于零位时，电动机只能带动大小齿轮空转，卷筒不能随之转动。当需要卷筒 6 旋转时，只需将大齿轮2上的锥形摩擦木块4嵌入卷筒6的凹形槽中，两者产生摩擦力并连成一体就能带动卷筒6转动。具体操作是：将手摇柄12按顺时针方向移动，使丝杠11向左移动推动滑块8压缩弹簧3，使卷筒6沿着轴1向大齿轮2方向移动，并与大齿轮2上的摩擦块相连，此时，棘轮7与卷筒6随大齿轮2一起转动。需要停止时，将手摇柄12扳回零位，弹簧3使锥形摩擦块与卷筒的凹槽脱开，卷筒停止转动。

摩擦式电动卷扬机落重时，依靠物体的自重带动卷筒反向旋转下降，下降的速度用闸把手柄13控制闸皮16的松紧来调节。

常用卷扬机的技术规格见表2—2。

表2—2　　常用卷扬机的技术规格

类型	起重能力/×10 kN	卷筒直径/mm	卷筒长度/mm	平均绳速/m·min^{-1}	容绳量/m 钢丝绳直径/mm	外形尺寸/mm 长×宽×高	电动机功率/kW	总质量/t
单卷筒	1	200	350	36	$\frac{200}{\phi12.5}$	1 390×1 375×800	7	1
单卷筒	3	340	500	7	$\frac{110}{\phi12.5}$	1 570×1 460×1 020	7.5	1.1
单卷筒	5	400	840	8.7	$\frac{190}{\phi24}$	2 038×1 800×1 037	11	1.9
双卷筒	3	350	500	27.5	$\frac{300}{\phi16}$	1 880×2 795×1 258	28	4.5
双卷筒	5	220	600	32	$\frac{500}{\phi22}$	2 497×3 096×1 389.5	40	5.4
单卷筒	7	800	1 050	6	$\frac{600}{\phi31}$	3 190×2 553×1 690	20	6.0
单卷筒	10	750	1 312	6.5	$\frac{1\,000}{\phi31}$	3 839×2 305×1 798	22	9.0
单卷筒	20	850	1 324	10	$\frac{600}{\phi42}$	3 820×3 360×2 085	55	

4. 电动卷扬机容绳量、钢丝绳平均速度及牵引力的计算

（1）容绳量的计算

容绳量是指卷扬机上卷筒能够容纳的在使用中允许收放的钢丝绳的最大长度（m），它不包括钢丝绳绳尾在卷筒上固定因安全需要而预留圈数的绳长。容绳量直接影响卷扬机的起升高度和牵引距离，它与卷筒的直径和有效长度成正比。卷筒容绳量如图 2—5 所示，对单层光面卷绕卷筒按式（2—1）计算，对多层卷绕卷筒按式（2—2）计算。

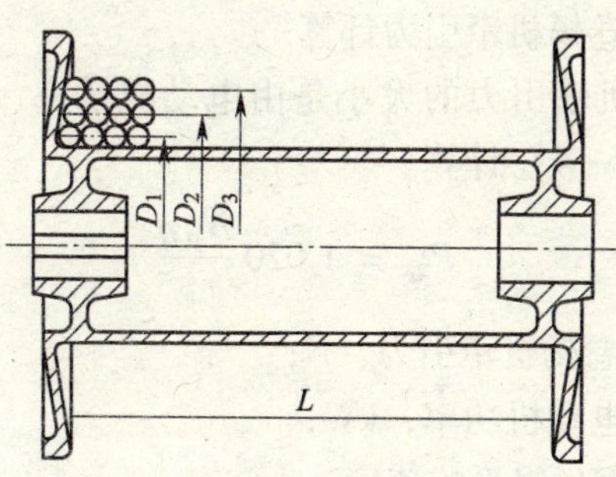

图 2—5　卷筒

$$l = \pi (D + d) \left(\frac{L}{d} - z_0\right) \times 10^{-3} \qquad (2—1)$$

式中　l——单层光面卷筒的容绳量，m；

D——卷筒直径，mm；

d——钢丝绳直径，mm；

L——卷筒长度，mm；

z_0——钢丝绳绳尾安全圈数，一般取 $z_0 = 3 \sim 4$ 圈。

$$l = 0.9 \times \pi n L\left(\frac{D}{d} - n\right) \times 10^{-3} \qquad (2—2)$$

式中　l——多层卷筒的容绳量，m；

n——卷筒卷绕钢丝绳的层数；

其余同式（2—1）。

（2）钢丝绳平均速度

钢丝绳平均速度按式（2—3）计算，即

$$v_{平} = \pi(D + nd)\frac{n_H}{60i} \tag{2—3}$$

式中 $v_{平}$——钢丝绳平均速度，m/s；

n_H——电动机转速，r/min；

i——从电动机到卷筒的传动系统传动比；

其余同式（2—1）。

（3）电动卷扬机牵引力计算

电动卷扬机牵引力的大小是由电动机功率、绳速及效率决定的，按式（2—4）计算。

$$P_{卷} = 1\,020\frac{N_H\eta}{v_{平}} \tag{2—4}$$

式中 $P_{卷}$——卷扬机牵引力，N；

N_H——电动机功率，kW；

$v_{平}$——钢丝绳平均速度，m/s；

η——从电动机到卷筒的传动系统总的效率。

二、流动式起重机

在建筑施工中，流动式起重机主要是指汽车起重机、轮胎式起重机和履带式起重机，流动式起重机具有机动性好、适应性强、准备工作少、操作迅速简便、工作效率和机械利用率高等优点，是工程施工中不可或缺的起重机械。图 2—6 是施工现场常见的流动式起重机。

1．汽车起重机

汽车起重机又称汽车吊。通常有上、下两个发动机，一个发动机用于运行机构，起升机构、旋转机构和变幅机构共用另一个发动机。传动系统多采用液压传动，起升臂架分为液压伸缩臂式和桁架（格构）臂杆式，常用的是液压伸缩臂式，大起重量采用臂杆式。汽车起重机一般有两个司机室，一个是行驶司机室，一个是起重司机室。起重作业时，汽车起重机必须伸出支腿作业，不允许带载移动车位。汽车起重机大都可以360°全方位作业。汽车起重机行驶速度快，适合远距离调遣使用。

a)　　b)　　c)

图2—6　流动式起重机

a）汽车起重机　b）轮胎式起重机　c）履带式起重机

2. 轮胎式起重机

轮胎式起重机又称轮胎吊。与汽车起重机一样，轮胎式起重机的运行支撑装置采用充气轮胎，但轮胎式起重机一般只有一个发动机和一个司机室，由运行机构和起重系统共用动力源。其臂架也有液压伸缩式和桁架（格构）式两种。轮胎式起重机轮距较宽，起重作业平稳，轴距小、车身短，因而转弯半径小，适合用于较狭窄的作业场所。轮胎式起重机既可以伸出支腿作业，也可以用短臂杆在额定能力75%情况下带载运行。轮胎式起重机行驶速度较慢，与汽车起重机相比机动性稍差。

3. 履带式起重机

履带式起重机又称履带吊或坦克吊。履带式起重机与轮胎式起重机构造相似，只是行走支撑装置换成了履带运行装置，目前履带式起重机大都采用桁架（格构）式臂杆，作业时靠左右两条履带保持稳定，一般大型履带式起重机的两条履带可以通过液压装置调节节距。履带式起重机对地面要求低，可在没有铺路的松软地面行走，重心低，稳定性好，没有外伸支腿。

在额定载荷 80% 的情况下，可以带载行走。履带式起重机行驶速度慢，自重大，行走时对路面损坏严重。远距离转移时，需分解成可运输的部件由拖车运输。

流动式起重机一般都配有主要技术性能表（图）供使用时参考。

三、起重机的主要技术参数

起重机的技术参数是说明起重机工作性能的指标，表征起重机的作业能力。起重机主要技术参数有：起重量（起重力矩）、起升高度、跨度（桥式类型起重机）、幅度（臂架类型起重机）、各机构的工作速度及生产率等。建筑施工中主要涉及起重量（起重力矩）、起升高度、幅度（臂架类型起重机）、各机构的工作速度等。

1. 额定起重量

额定起重量指起重机在正常工作时允许起吊的物品重量和可以从起重机上取下的取物装置重量之和，或起重机正常工作时一次起吊的最大重量。它是表征起重机起重能力的重要指标之一。

对于某些旋转臂架类型的起重机，如塔式起重机、汽车起重机、轮胎式起重机、履带式起重机以及门座式起重机等，其起重量会随着幅度的改变而改变，因而还需要用另一个参数起重力矩来表示起重机的起重能力。对以上类型的起重机，额定起重量是指最小幅度时的最大起重量。

起重量的标准单位是 kN（千牛），工程中常用 t（吨）或 kg（千克）表示，其换算关系为：1t = 10 kN = 1 000 kg。

2. 起重力矩

起重力矩是起重量与相应的臂架幅度的乘积，这个参数反映了起重机在工作过程中的抗倾覆稳定性的能力。在起重力矩一定的前提下，起重机的起重量随幅度的增加而减小。旋转臂架类型的起重机通常都会随机附带起重量与臂架幅度对应的表（图），称为起重特性表（图）。起重作业时，应根据起重机作业半径的幅度值，用起重机的起重特性表（图）校验该幅度下的起重量。

起重力矩的标准单位为 kN · m（千牛 · 米），常用单位是 t · m（吨 · 米）。

3. 起升高度

起升高度是指从地面或起重机轨道顶面到取物装置最高起升位置的铅垂距离，单位为 m。当取物装置可以放到地面或轨道顶面以下时，其下放距离称为下放深度。起升高度和下放深度之和称为总起升高度。

对塔式起重机而言，起升高度为混凝土基础表面（或行走轨道表面）到吊钩钩口中心的垂直距离。

4. 幅度

对旋转臂架式起重机而言，幅度是指起重机回转中心线至取物装置中心铅垂线之间的距离，单位为 m。对非旋转臂架起重机常用有效幅度表示，有效幅度是指臂架所在平面内的起重机内侧轮廓线与取物装置铅垂线之间的距离。如轮胎式起重机是指支腿侧向工作时吊钩钩口中心垂线至该支腿中心线的水平距离。

臂架类型起重机变幅的形式有摆动臂架式和移动小车式变幅，臂架倾角越小或小车距起重机回转中心越远时幅度越大，反之幅度越小。一般情况下，起重机不允许带载变幅。

5. 工作速度

起重机的工作速度包括起升、变幅、旋转和运行四个基本机构的工作速度。对伸缩臂架式起重机还包括臂架伸缩速度和支腿收放速度。

（1）起升速度

起升速度是指起重机正常工作状态下取物装置的上升速度

或下降速度，单位为 m/s。

（2）变幅速度

变幅速度是指起重机的取物装置从最大幅度到最小幅度的平均线速度，单位为 m/s。

（3）旋转速度

旋转速度是指起重机回转机构旋转时每分钟的转数，单位为 r/min。

（4）运行速度

运行速度对桥式类型起重机是指起重机大车、小车的运行速度，单位为 m/s，对汽车吊和轮胎吊是指其运行速度，单位为 km/h。

第二节　起 重 索 具

起重索具是起重吊装工作中用来捆绑、牵引、溜拉和提升物件的绳索。常用的索具有麻绳、钢丝绳、吊带及吊链等。

一、麻绳

麻绳具有轻便、柔软、容易携带、方便捆扎等优点，但其强度较低，容易磨损、破断和腐蚀，且新旧麻绳强度变化很大。因此，在吊装工作中只适合用于系挂、捆扎物体，或用于人工搬运和起重量在 500 kg 以下的施工作业中。

1. 麻绳的种类及结构形式

麻绳是用植物纤维搓捻成的一种绳索。起重吊装施工中一般采用机制麻绳，因为机制麻绳搓捻均匀、紧密，抗拉力比人工搓捻的麻绳大。

麻绳的种类比较多，按材料不同分白麻绳和棕绳等；按捻制的形式分有三股、四股和九股三种。由于棕绳的强度高于白麻绳，四股、九股编制形式比三股编制形式强度好得多，因而，施工现场多用棕绳和九股编制形式的麻绳。但是，棕绳产量少，价格较高，九股编制形式比三股编制形式制造困难，因此，实际施工中应根据具体情况合理选用。

此外，麻绳受潮后强度会大幅下降，为防止麻绳受潮，可采取浸油的方式，因此麻绳又分为浸油和不浸油两种。浸油麻绳只具有防潮和耐腐蚀的特性，但由于受油中所含酸性成分的影响，强度比未浸油麻绳下降约10%，同时挠性下降，自重增加，成本上升，故不常被采用。

2. 麻绳承载能力的计算

麻绳在起重吊装工作中主要承受的是拉应力，因此，在选择和校核时都以按麻绳的抗拉强度为标准进行的。为保证施工安全，考虑麻绳在制造上可能存在的缺陷，使用中的磨损以及起重冲击载荷的作用等因素的影响，麻绳使用中允许承受的最大拉力 S_{max} 可按式（2—5）计算。

$$S_{max} = \frac{S_p}{K} \tag{2—5}$$

式中 S_{max}——麻绳允许最大承载能力，N；

S_p——麻绳的破断拉力，N，可查有关手册，见表2—3；

K——麻绳使用安全系数，见表2—4。

表2—3　白棕绳的技术规格

直径（mm）	每卷（200 m）质量（kg）	破断拉力（N）	安全拉力（N）		
			$K=3$	$K=6$	$K=10$
6	6.5	2 000	666	333	200
8	10.5	3 250	1 083	541	325
11	17	5 750	1 916	958	575
13	23.5	8 000	2 666	1 333	800

续表

直径（mm）	每卷（200 m）质量（kg）	破断拉力（N）	安全拉力（N）		
			$K=3$	$K=6$	$K=10$
14	32	9 500	3 166	1 583	950
16	41	11 500	3 833	1 916	1 150
19	52.5	13 000	4 333	2 166	1 600
20	60	16 000	5 333	2 666	1 600
22	70	18 500	6 166	3 038	1 850
25	90	24 000	8 000	4 000	2 400
29	120	26 000	8 666	4 333	2 600
33	165	29 000	9 666	4 833	2 900
38	200	35 000	11 666	5 833	3 500
41	250	37 500	12 500	6 250	3 750
44	290	45 000	15 000	7 500	4 500
51	330	60 000	20 000	10 000	6 000
57	450	65 000	21 666	10 833	6 500
63	500	70 000	23 333	11 666	7 000

表 2—4　　　　　麻绳的安全系数 *K*

使用情况		K 值	说明
一般吊装用	新绳	≥3	1. 使用旧绳起重时，应先做超载 25% 的静载试验或超载 10% 的动载试验； 2. 旧绳的允许拉力取新绳的 40% ~60%。
	旧绳	≥6	
重要的起重吊装用		10	
吊索及缆风绳用	新绳	≥6	
	旧绳	12	

注：麻绳有断丝、霉烂、损伤时，不能用于起重。

在施工现场缺乏资料的情况下，白棕绳的允许的最大承载拉力也可用式（2—6）进行估算（仅为数据估算用，非规范公式）：

$$S_{max} = (5 \sim 7)d^2 \qquad (2—6)$$

式中 d 为麻绳直径，单位为 mm。当直径 d 小于 26 mm 时，取 5；直径 d 大于 26 mm 时，取 7。

例 2—1 欲采用直径为 20 mm 的白棕绳吊装一台 400 kg 重的电动机，试判断该绳能否单根起吊。

解：(1) 查表计算

已知 $d = 20$ mm，查表 2—3 知，$S_p = 16\ 000$ N。取 $K = 5$，按式（2—5）计算知白棕绳的允许最大承载拉力为：

$$S_{max} = \frac{S_p}{K} = \frac{16\ 000}{5} = 3\ 200(\text{N})$$

而欲吊起的电动机产生的重力约为 4 000 N（400 kg），显然，

$$S_{max} = 3\ 200(\text{N}) < 4\ 000(\text{N})$$

故不能安全起吊。

(2) 经验公式估算

根据经验公式（2—6），取系数为 7，估算白棕绳允许的最大承载拉力为：

$$S_{max} = (5 \sim 7)d^2 = 7 \times 20^2 = 2\ 800(\text{N}) < 4\ 000(\text{N})$$

显然也不能安全起吊。

3. 麻绳的使用与保养

(1) 成卷的麻绳在拉开使用时，先将绳卷竖放在地上，将卷内的绳头抽出，切不可从卷外把绳头拉出，这样在拉出过程中麻绳会扭结。在开卷松放时，要防止麻绳索拧绕或松散。当放到需要的长度时，在切断处的两侧用细麻绳或铁丝扎紧，以免切断后绳股松散。用细麻绳扎紧时，需要绕 3 ~ 4 圈后打结；用铁丝扎紧时，绕两圈后用钢丝钳将铁丝拉紧后拧紧切断。

(2) 麻绳要存放在干燥的木板上和通风良好的地方，不能受潮或高温烘烤。如果在使用中受潮或沾上泥沙等，要洗净、晒干，且不能堆放在一起，以免腐烂。

（3）使用麻绳时，不要在粗糙的构件上或地上拖拉，以减少麻绳的磨损。麻绳在用于起吊或作绑扎绳时，对能接触到的棱角处应用麻袋或其他软物包垫完善，以免割断。

（4）麻绳不宜在机动的起重机械上使用，麻绳用于滑车组时，滑车组滑轮的直径应比麻绳的直径大10倍以上。

（5）麻绳不宜在有酸碱的地方使用，并应防止沾染酸碱后降低强度甚至报废。

（6）旧麻绳应根据新旧程度酌情降级使用，一般取新绳的40%～60%破断拉力，有断股、霉烂、损伤、断丝的麻绳禁止使用。

（7）麻绳中有绳结时，不能穿过滑车等狭小处，以免麻绳因卡住而被拉断。

（8）使用过程中，对绕过滑轮的麻绳，应随时注意不使其脱离滑轮槽。

（8）麻绳可用特制的油涂抹保护，油的各项成分质量比如下：工业凡士林83%，松香10%，石蜡4%，石墨3%。

二、合成纤维绳

常用的合成纤维绳有尼龙绳和涤纶绳，可用来吊运表面精细的机械零部件、有色金属制品、瓷瓶、开关柜等。

合成纤维绳具有重量轻、质地柔软、弹性好、强度高、耐腐蚀、耐油、不生蛀虫及霉菌、抗水性好等优点。但其不耐高温，使用中应避免高温及锐角损伤。

合成纤维绳的破断拉力按式（2—7）计算（此式仅为数据估算用，非规范公式）：

$$S_p = 110d^2 \tag{2—7}$$

式中 S_p——合成纤维绳的破断拉力，N；

d——合成纤维绳的直径，mm。

合成纤维绳使用中允许承受的最大拉力 S_{max} 按式（2—5）

计算，式中合成纤维绳的使用安全系数 K 可根据工作使用状况的重要程度选取，但不得小于 6。

合成纤维绳的安全使用注意事项与麻绳相同。

三、钢丝绳

钢丝绳具有强度高、耐磨损、挠性好、自重轻、抗冲击、使用中极少出现整根骤然折断、高速下运行平稳且噪声小等优点，是起重机起升机构最常用的挠性构件，在起重作业中广泛应用于捆扎、牵引以及作为缆风绳等。

1. 钢丝绳的构造和种类

钢丝绳是由若干根优质钢丝首先捻制成股，然后再由若干股捻制成绳。根据股和绳的构造不同，钢丝绳可分为多种类型。

（1）股的构造

钢丝绳股的构造分为以下三种。

1）点接触钢丝绳。股中各层钢丝直径相同，为了使各层钢丝有稳定的位置，内外各层钢丝的捻距不同，互相交叉，接触在交叉点上，如图 2—7a 所示。由于钢丝相互成点接触，故在反复弯曲时易于磨损折断。为使各层钢丝受力均匀，各层的螺旋角大致相同，如图 2—8 所示为两种常用点接触钢丝绳股的构造。其中 19 丝的股钢丝较粗，比较耐磨抗蚀，但挠性较差，常用于拉索及缆风绳等受拉和磨损腐蚀的场合；37 丝的股钢丝较细，挠性好，常用于滑轮组穿绕、电动葫芦等。

2）线接触钢丝绳。构成线接触钢丝绳股的各层钢丝直径不同。绳股中各层钢丝的捻距相同，外层钢丝位于内层钢丝捻绕形成的沟槽里，内外层钢丝相互接触在一条螺旋线上，接触情况相比点接触有了改善，延长了钢丝（绳）的使用寿命。同时线接触也有利于钢丝之间的相互滑动，提高了钢丝绳的挠性。相同直径的钢丝绳，线接触型比点接触型钢丝绳横截面上金属所占的面积大，因而其破断拉力大。

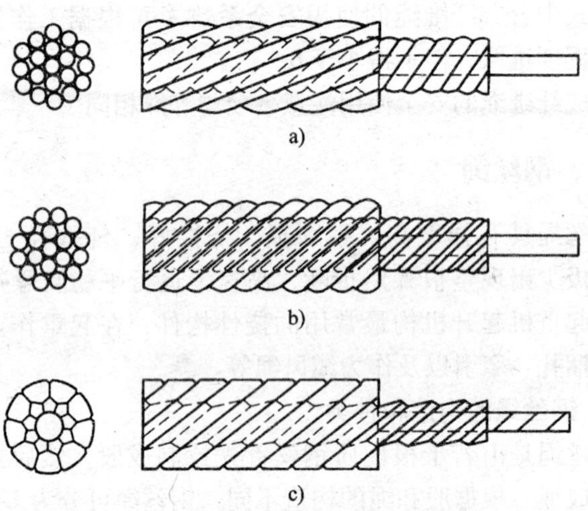

图 2—7　点、线、面接触的钢丝绳股的构造

a）点接触　b）线接触　c）面接触

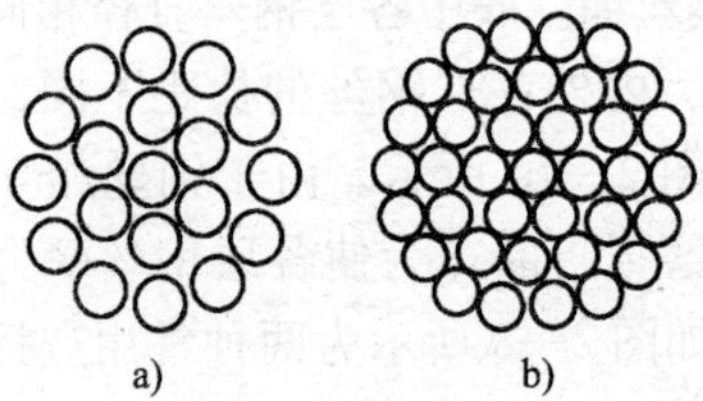

图 2—8　两种常用点接触的钢丝绳股的构造

a）1 + 6 + 12 = 19　b）1 + 6 + 12 + 18 = 37

线接触钢丝绳的股，其各层钢丝直径由几何构造决定。根据股的构造原理不同，线接触钢丝绳有以下三种基本形式：瓦林吞型（又称粗细式），代号 W；西鲁式（又称外粗式），代号 S；填充型，代号 F，如图 2—9 所示。

3）面接触钢丝绳。面接触钢丝绳过去只用于单捻密封钢丝绳（闭合型钢丝绳），现在已开始制造多股的双捻面接触钢丝绳，它的优点与线接触钢丝绳相同，且更加显著。

（2）钢丝绳的分类

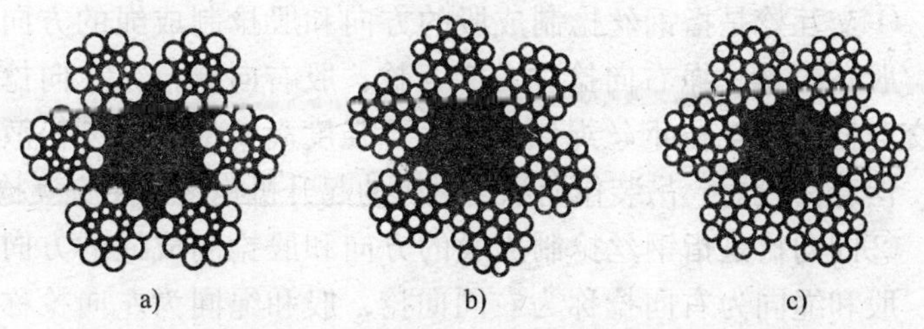

图 2—9　线接触钢丝绳股的基本构造

a）外粗式钢丝绳　b）粗细式钢丝绳　c）填充型钢丝绳

起重用钢丝绳按《重要用途钢丝绳》（GB 8918—2006）国家标准分类如下：

1）按钢丝绳的断面形状不同分为圆股钢丝绳和异形股钢丝绳。

①圆股钢丝绳股的截面形状为圆形，其制造方便，在起重机械和起重作业中使用最为广泛。

②异形股钢丝绳股的截面形状不同，有三角股、椭圆股和扁股等，其特点是接触表面比普通钢丝绳大 3 ~4 倍，耐磨性好，不易断丝，在相同的绳径和强度下，总破断拉力大于圆股钢丝绳，使用寿命比普通钢丝绳高。

2）按钢丝绳捻法不同分为右交互捻、左交互捻、右同向捻和左同向捻四种，分别用代号 ZS、SZ、ZZ、SS 表示，如图 2—10 所示。

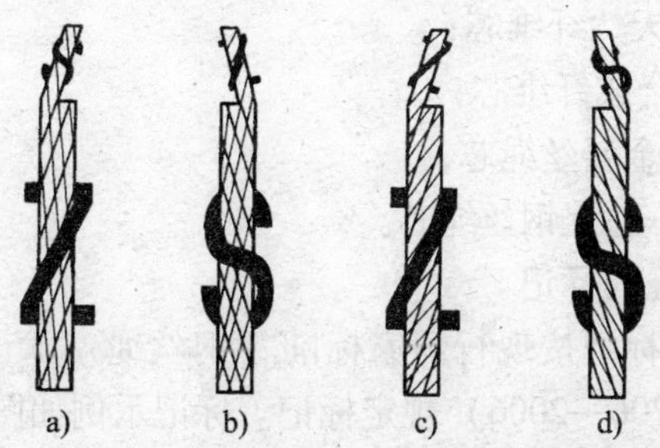

图 2—10　线接触钢丝绳股的基本构造

a）右交互捻　b）左交互捻　c）右同向捻　d）左同向捻

①交互捻是指钢丝捻制成股的方向和股捻制成绳的方向不同。股左向捻，绳右向捻称右交互捻；股右向捻，绳左向捻称左交互捻。交互捻钢丝绳僵性较大，强度高，吊重不易松散打结，但寿命较短。吊装作业和起重机的起升机构多采用交互捻。

②同向捻是指钢丝捻制成股的方向和股捻制成绳的方向相同。股和绳同为右向捻称为右同向捻，股和绳同为左向捻称为左同向捻。同向捻钢丝绳表面平滑，挠性好，磨损小，使用寿命长，但吊重时易松散、打结，适用于牵引、捆扎等张紧的场合。

3）按钢丝绳材料绳芯不同区分为麻芯、石棉芯、钢芯三种。绳芯的作用主要是润滑、增加挠性和弹性。不同的绳芯各有其优点和缺点。用油浸的麻或棉纱做绳芯的钢丝绳比较柔软，容易弯曲，同时绳芯中含油量较多，可以油润钢丝，但不能在较高的温度下工作和受到重压；用石棉芯的钢丝绳可在较高温度下工作，但不能重压；用钢芯的钢丝绳可耐重压并可在高温下工作，但是钢丝绳太硬，不易弯曲。一般起重工作绳索大都是麻芯的，手拉葫芦的钢丝绳是金属绳芯的，主要为了承载耐压。

常用的钢丝绳芯的代号：

FC——纤维芯；

NFC——天然纤维芯；

SFC——合成纤维芯；

WSC——金属丝绳芯；

IWRC——独立钢丝绳芯。

2. 钢丝绳的标记

钢丝绳的标记按现行国家标准《钢丝绳　术语、标记和分类》（GB/T 8706—2006）规定标记。标记示例如图 2—11 所示。

其中钢丝绳的表面状态是指外层钢丝的镀层情况，标记代号如下：

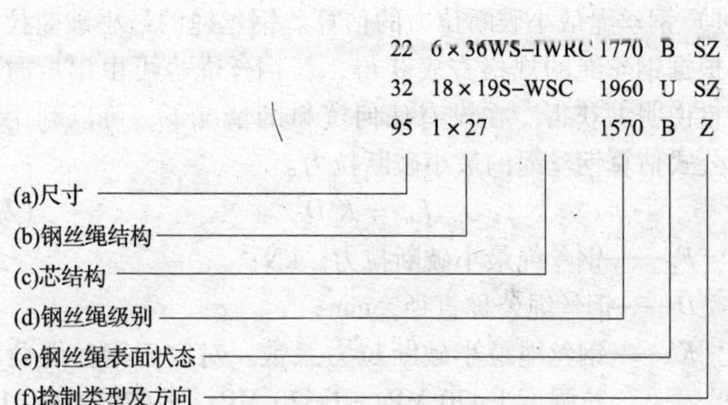

图 2—11　钢丝绳标记示例

U——光面无镀层；

B——B 级镀层；

A——A 级镀层；

B（Zn/A1）——B 级锌合金镀层；

A（Zn/A1）——A 级锌合金镀层。

3. 钢丝绳的选择与计算

（1）钢丝绳类型的选择

钢丝绳的使用场合及其常用型号见表 2—5。

表 2—5　　钢丝绳的使用场合及其常用型号

<table>
<tr><th colspan="5">使用场合</th><th>常用型号</th></tr>
<tr><td rowspan="4">起升或全幅用</td><td rowspan="3">单层卷绕</td><td rowspan="2">吊钩及抓斗起重机</td><td rowspan="2">e</td><td><20</td><td>6×(31)6×(37)6W(36)6T(25)8T(25)</td></tr>
<tr><td>≥20</td><td>6×(19)6W(19)8×(19)8W(19)6△(21)6△(24)</td></tr>
<tr><td colspan="3">起升高度大的起重机</td><td>多股不扭转 18×7. 18×19</td></tr>
<tr><td colspan="4">多层卷绕</td><td>6×(19)6W(19)金属芯</td></tr>
<tr><td rowspan="2">牵引用</td><td colspan="4">无导绕系统(不绕过滑轮)</td><td>1×19. 6×19. 6×37</td></tr>
<tr><td colspan="4">有导绕系统(绕过滑轮)</td><td>与起升或变幅用时间</td></tr>
</table>

（2）钢丝绳抗拉力的计算

1）钢丝绳最小破断拉力的估算。钢丝绳的最小破断拉力一般可根据钢丝绳的规格查表获得，新钢丝绳也可由出厂时的产品质量说明书获得。在没有任何资料的情况下，可以利用如下经验公式估算钢丝绳的最小破断拉力。

$$F_0 = K'D^2 \tag{2—8}$$

式中 F_0——钢丝绳最小破断拉力，kN；

D——钢丝绳公称直径，mm；

K'——钢丝绳最小破断拉力系数。对应于钢丝绳公称抗拉强度 1 470 MPa、1 570 MPa、1 670 MPa、1 770 MPa、1 870 MPa 的 K' 值分别为 0.43、0.46、0.49、0.52、0.59。

2）钢丝绳允许抗拉力计算。钢丝绳在使用时，由于条件不同，其允许承受的最大载荷也会发生很大的变化，实际使用时，应按式（2—9）计算钢丝绳允许承受的最大抗拉力。

$$[F] = \frac{F_0}{K} \tag{2—9}$$

式中 $[F]$——钢丝绳允许承受的最大抗拉力，kN；

F_0——钢丝绳最小破断拉力，kN；

K——钢丝绳使用安全系数，按表 2—6 选取。

表 2—6　钢丝绳常用场合使用安全系数

使用场合	安全系数	使用场合	安全系数
缆风绳	3.5	吊索（无弯曲时）	6 ~ 7
手动起重设备跑绳	4.5	吊索（用于捆绑时）	8 ~ 10
机动起重设备跑绳	5 ~ 6	用于载人的升降机	14

例 2—2　有一 6 × 37S + FC 的钢丝绳，公称抗拉强度为 1 570 MPa，直径为 D = 28 mm，用做捆绑吊索，需要承受的载荷为 40 kN，试计算其破断拉力，并判断其是否安全。

(1) 查表计算

已知 $D = 28$ mm，公称抗拉强度为 1 570 MPa，查《重要用途钢丝绳》（GB 8918—2006）表 11 知，该钢丝绳最小破断拉力 $F_0 = 406$ kN。

查表 2—6，取 $K = 8$，按式（2—9）计算知该绳允许的最大承载拉力为：

$$[F] = \frac{F_0}{K} = \frac{406}{8} = 50.75(\text{kN})$$

因 $[F] = 50.75\ (\text{kN}) > 40\ (\text{kN})$

故用该绳作吊索承载 40 kN 的载荷是安全的。

(2) 经验公式估算

根据经验公式（2—8），取系数 K' 为 0.46，估算该钢丝绳允许的最大承载拉力为：

$$F_0 = K'D^2 = 0.46 \times 28^2 = 360\ (\text{kN})$$

同理，其允许最大抗拉力为：

$$[F] = \frac{F_0}{K} = \frac{360}{8} = 45\ (\text{kN}) > 40\ (\text{kN}) \quad 安全。$$

比较两种方法可以看出，经验估算法一般是偏于安全的。

4. 钢丝绳的破坏形式与报废标准

新的钢丝绳在正常情况下使用是不会发生突然破断的，起重机钢丝绳或起重作业中使用的钢丝绳的损坏是在使用过程中逐渐形成的。使用中钢丝绳的受力情况比较复杂，其破坏形式主要有断丝、磨损、腐蚀和变形等。钢丝绳在使用过程中应保证足够的安全余量，在出现断丝、磨损、腐蚀、变形等情况后，就会使安全余量降低，在不能保证足够的安全余量的情况下，应及时报废和更换，以免由于使用中钢丝绳突然破断造成严重事故。

(1) 钢丝绳断丝

钢丝绳经过一段时间使用，当弯曲、挤压与摩擦达到一定次数时，就会引起钢丝绳表层的钢丝由于弯曲疲劳和磨损而发生逐渐的断丝，表层钢丝的折断加大了未断钢丝的受力，会促使断丝速度加快。当在一定长度内的断丝数达到一定值时，就不能保证钢丝绳的安全使用了，应当及时报废。部分钢丝绳断丝数报报废标准可参考表2—7。

表2—7　　钢丝绳断丝数报废标准

钢丝绳结构形式	断丝长度范围	钢丝绳型号			
		6×19+NF	6×37+NF	6×61+NF	8×19+NF
交互捻	6*d*	10.	19	0.08*n*	13
	30*d*	19	38	0.16*n*	26
同向捻	6*d*	5	10	0.04*n*	6
	30*d*	10	19	0.08*n*	13

注：①*d* 为钢丝绳直径。

②*n* 为外层绳股承载钢丝数。

③当吊运熔化或赤热金属、酸溶液、爆炸物、易燃品及有毒物品时，表中断丝报废标准数量应减半。

④表中仅列出常用的几种钢丝绳型号，其他可对照 GB/T 5972—2009《起重机械用钢丝绳检验和报废实用规范》。

此外，平时应做好检查记录，当发现断丝增加的时间间隔越来越短时，应确定钢丝绳的报废时间。

（2）绳端断丝

钢丝绳的绳端出现断丝时，即使是少量的，也应考虑是否是安装不正确造成的。应查明原因，截去断丝处，重新安装。

（3）绳径减小

对由于磨损造成的钢丝绳绳径减小达到40%以上时，不论断丝数多少都应报废。如果钢丝绳外层有严重磨损，但尚低于钢丝绳直径的40%时，应根据磨损程度适当降低上述断丝数报废标准，断丝数折减系数见表2—8，并相应降低其使用标准。

表 2—8　　钢丝绳磨损后断丝报废标准折减系数　　%

钢丝表面磨损或锈蚀量	10	15	20	25	30～40	>40
报废断丝数标准折减系数	85	75	70	60	50	0

如钢丝绳外部虽未出现严重磨损，但绳径却发生减小，这往往是由于钢丝绳内部纤维芯、钢芯或内部绳股断裂造成的，哪怕是微小的损坏也会引起钢丝绳强度大大降低，应查明原因予以报废。

（4）表面腐蚀

钢丝绳长期使用后，会不可避免地受到自然和化学腐蚀。当整根绳外表受腐蚀的麻面凭肉眼显而易见时，钢丝绳就不得继续使用了，应报废处理。如果只是局部出现腐蚀，可将腐蚀部分切去，插接使用。受腐蚀的钢丝绳也应按表 2—7 适当减低断丝报废标准，并降低使用标准。

（5）绳股断裂

钢丝绳在使用过程中，一旦出现整根绳股断裂的情况，应立即报废。

钢丝绳在使用过程中还会出现诸如变形、弹性减小等现象，均应按《起重机用钢丝绳检验和报废实用规范》（GB 5972—2009）规定予以报废。

5. 钢丝绳端部的固定方法

钢丝绳端部的固定方法主要有以下几种，如图 2—12 所示。

（1）编结法

如图 2—12a 所示，把钢丝绳端部劈开，去掉麻芯，然后与自身编织成一体，并用细钢丝扎紧。绑扎长度不小于钢丝绳直径的 20 倍，且不应短于 300 mm，环眼中一般应放入绳环，以保护绳索表面。此法牢固可靠，连接强度一般不小于钢丝绳最小破断拉力的 75%，但需要较高的编结技术。

（2）楔形套筒固定

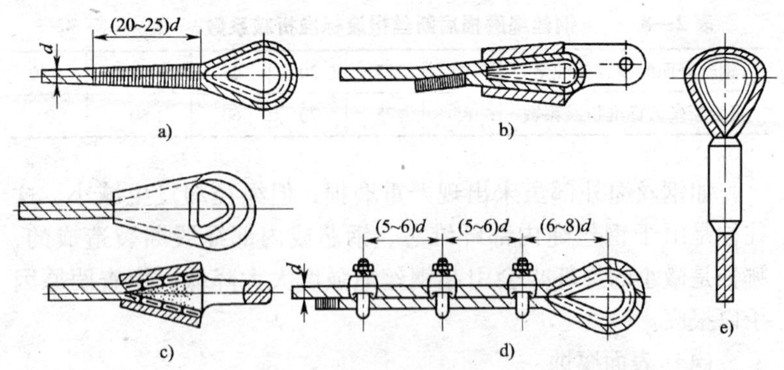

图 2—12　钢丝绳端部固定方法

a）编结固定　b）楔形套筒固定　c）锥形套筒固定

d）绳卡固定　e）铝合金套压缩法

如图 2—12b 所示，钢丝绳一端绕过楔块，利用楔块在套筒内的锁紧作用使钢丝绳固定。固定处的强度为钢丝绳自身强度的 75% ~85%。此法装拆方便，但不适合受冲击载荷的情况。

（3）锥形套筒浇注固定法

此法又称熔铅固定法，如图 2—12c 所示。首先将钢丝绳端部拆散，去掉绳芯后插入锥套内，再将钢丝末端弯成钩状，然后灌入熔融的铅（或锌）液，经过冷却后即成。此法操作复杂，主要用于大直径钢丝绳，如缆索式起重机承载缆绳。

（4）绳卡固定法

如图 2—12d 所示，将钢丝绳一端穿过绳卡固定夹紧即可。采用绳卡固定时，应注意绳卡数量、绳卡间距、钢丝绳在绳卡中的位置和固定处的强度。绳卡的数量根据钢丝绳的直径按表 2—8 选取，间距按图中要求确定。此法的连接强度不小于钢丝绳破断拉力的 85%，固定简单、可靠，应用十分广泛。

（5）铝合金套压缩法

如图 2—12e 所示，方法与锥形套筒浇注固定法基本相同，其连接应满足相应的工艺要求，固定处的强度与钢丝绳自身强度大致相同。

表 2—9　　　　　　　　钢丝绳绳卡数量

绳夹规格（钢丝绳直径，mm）	≤18	18～26	26～36	36～44	44～60
绳夹最少数量（个）	3	4	5	6	7

6. 常用绳结

由于绳索具有良好的挠性，在起重、捆扎等作业中使用时可以打成各种各样的绳结（扣），所打绳结（扣）应符合打结方便、连挂牢固又容易解开，受力后不仅不会脱散，而且受力越大绳索就收缩得越紧。常用的有拴接绳结和插接绳结两种类型。

（1）拴接绳结（扣）

常用的绳结及拴接方法见表 2—10。

表 2—10　　　　　　常用绳结拴接方法及用途

序号	结绳名称	简图	用途及特点
1	直结（又称平结、交叉结、果子口）		用于白棕绳两端的连接，连接牢固，中间放一段木棒易解
2	活结		用于白棕绳迅速解开时
3	组合结（又称单帆索结、三角扣及单绕式双插法）		用于钢丝绳或白棕绳的连接。比较易结易解，也可用于不同粗细绳索两端的连接
4	双重组合结（又称双帆结、多绕式双插结）		用丁白棕绳或钢丝绳两端有拉力时的连接及钢丝绳端与套环相连接。绳结牢靠

续表

序号	结绳名称	简图	用途及特点
5	套连环结		将钢丝绳或白棕绳与吊环连接在一起时用
6	海员结（又称琵琶结、航海结、滑子扣）	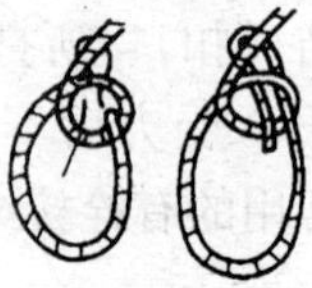	用于白棕绳绳头的固定，系结杆件或是拖拉物件。绳结牢靠、易解，拉紧后不出死结
7	双套扣（又称锁圈结）		用途同上，也可做吊索用。结绳牢固可靠，结绳迅速，解开方便，可用于钢丝绳中段打结
8	梯形结（又称八字扣、猪蹄扣、环扣）		在人字及三角桅杆拴拖拉绳，可在绳中间打结，也可抬吊重物。绳圈易扩大或缩小。绳结牢靠又易解
9	拴住结（又称锚固结）	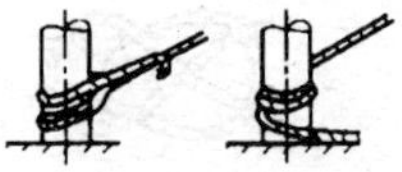	（1）用于缆风绳固定端绳结 （2）用于松溜绳结，可以在受力后慢慢放松，活头应该在下面
10	双梯形结（又称鲁班结）	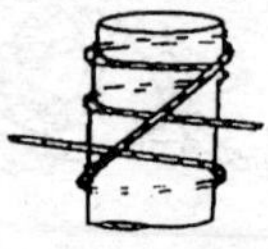	主要用于拔桩及桅杆绑扎缆风绳等。绳结紧不易松脱

续表

序号	结绳名称	简图	用途及特点
11	单套结（又称十字结）		用于连接吊索或钢丝绳的两端或固定绳索用
12	双套结（又称双十字结、对结）		用于连接吊索或钢丝绳的两端，固定绳端
13	抬扣（又称杠棒扣）		以白棕绳搬运轻量物体时用，抬起重物时自然收紧。结绳、解绳迅速
14	死结（又称死圈扣）		用于重物吊装捆绑，方便牢固可靠
15	水手结		用于吊索直接系结杆件起吊，可自动勒紧，容易解开绳索
16	瓶口接		用于拴绑起吊圆柱形杆件。特点是越拉越紧
17	桅杆结		用于树立桅杆，牢固可靠
18	挂钩结		用于起重吊钩上，特点是结绳方便，不易脱钩

续表

序号	结绳名称	简图	用途及特点
19	抬杠结		用于抬杠或吊运圆桶物体

(2) 插接绳结

钢丝绳的插接是起重工应具备的基本技能之一。插接钢丝绳需要准备一个专用工具，即钎子（也叫穿钎、猛刺、锥子等），通常是用 15 ~ 25 mm，长 300 ~ 400 mm 的圆钢锻打成扁锥形，另一端焊接一根横的圆钢作为手柄制成，如图 2—13 所示。

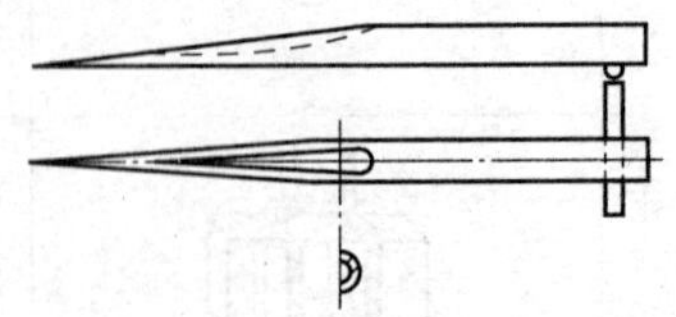

图 2—13　穿钎

插接钢丝绳时，一手握住手柄，另一手扶正钎子扁尖锥端顺钢丝绳缝隙插入，但只能在股与股间的缝中插入，不能插入股内钢丝中，并应注意让开绳芯。利用手柄旋转钎子，撑大钢丝绳缝隙，插入一股钢丝绳头，在穿入缝的另一个头将绳头拉出；然后，再回转、拔出钎子，同时将穿入绳股加力拉紧，类似进行数十次，即可完成绳扣的插接工作。

钢丝绳插接的方法较多，下面仅介绍两类常用的插接方法。

1）小插法。小插法钢丝绳扣与直绳插法是将插接绳头分股插入被插绳内的一种方法。这种插法按其形式又分为跑插和花插两种。两种插法起头一样，通常采用“321111”法起头。跑插适用于直径大于 25 mm 的钢丝绳，花插适用于直径小于 25 mm 的钢丝绳。绳扣插法与直绳插法基本一样，只不过直绳需要一头插完再插另一头，绳扣插接的长度不小于绳径的 20 倍。直绳插接的长度两头均为绳径的 20 倍。花插插接长度可以参考插钎数确定，一般插 27 钎子即可，实践证明插 24 钎就可以保证安全使用。

①跑插绳法。将绳端按图 2—14 准备好，图中环长一般可取 20 倍绳径长，并用绳卡或细铁丝扎紧，然后拆开绳头各股，用电工胶布将各股端部包好，防止钢丝松散。

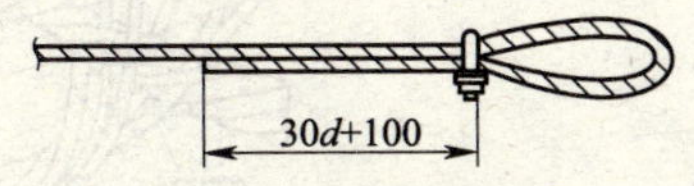

图 2—14　绳头准备

为便于说明插接方法，将绳股缝和破绳头的股分别按图 2—15 和图 2—16 编号。

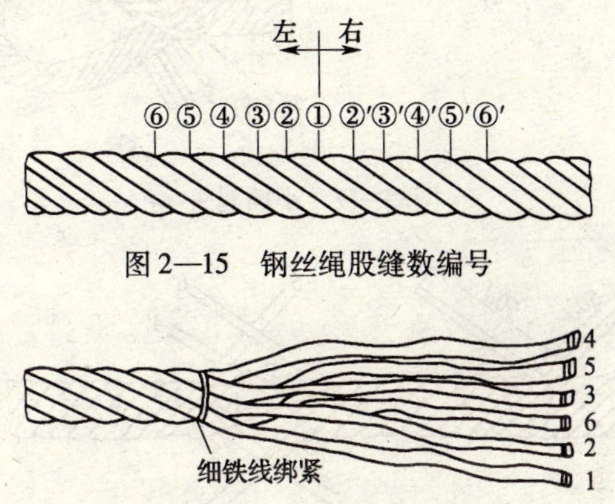

图 2—15　钢丝绳股缝数编号

图 2—16　钢丝绳破绳头股编号

小插起头如图 2—17 所示，第一钎从①进入，再由④′引出 1；第二钎从①进入，由③′引出 2；第三钎从①进入，由②′引出 3，如图 2—17a 所示。第四钎从②进入，再由①引出 4，如图 2—17b 所示；接着把 1、2、3、4 股拉紧，使被插绳紧靠防松细铁丝根部，第五钎从③进入，由②引出 5；第六钎从④进入，由③引出 6，如图 2—17c 所示。这样就完成了起头任务。随后用钎子将麻芯赶入绳芯（或割掉），然后按次序：1 绕⑤④间股，

2 绕⑥⑤间股……顺钢丝绳捻制方向，大致相距绳外圆 120°角位置插入，形成 1 对⑤④间股绕缠，其他股以此类推，最后留尾头不小于 25 mm，不大于 30 mm，多余部分切割掉即可。

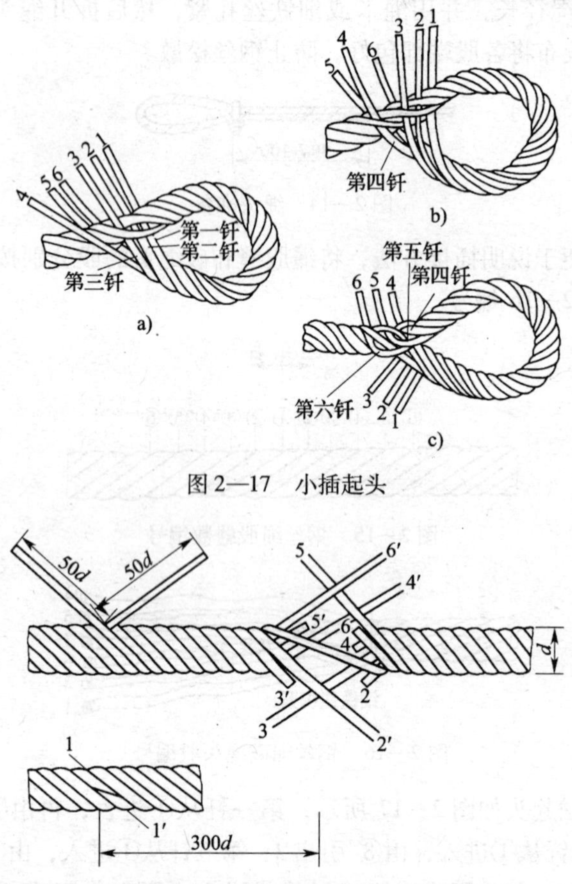

图 2—17 小插起头

图 2—18 大插法钢丝绳

②花插绳法。花插绳起头与跑插法完全一致，然后从⑥进钎挑两股由④引出 1；从 7 进钎挑两股由⑤引出 2，以此类推。这样就形成插股绕压前股，习惯上称这种插接方法为“挑二压一”。注意从二十五钎开始把第一股留下，用第二绳股穿入；第

三股绳留下，用第四绳股穿入；第五股留下，用第六股绳穿入。最后切除多余绳股头即可。值得注意的是，跑插法可以选任意一股自始至终一次插完，然后换第二股；花插法只能按次序一股插一扣齐头并进，否则容易插错。

2）大插绳法。大插绳法首先应将插接绳的两端按图 2—18 中的规定长度破股，切掉麻芯，并每隔一股切掉一股，使两插绳头按一长股、一短股对应，然后按短股后退，长股跟随编结。当长短股都留下 $50d$ 长时，再从这两股汇交点左右两侧的被插接绳中相当于余留股长（$50d \times 2$）取出麻芯切掉，并将这两根余留股当做绳芯赶入绳内即可。这种插法的最大特点是不会增大绳的直径，适合穿绕滑轮组起吊绳的插接。需要注意的是，接绳端每侧由 3 对股头需要赶入绳内，所以赶入点的具体位置，应按绳破头股长的三分之一等距离间隔，不允许赶入股重叠和任意定距。

在起重作业中用来绑扎构件或连接吊物与吊钩的绳索通常两端都插有绳扣，这种插有绳扣的钢丝绳称为吊索，又称千斤绳（捆绑绳、对子绳、带子绳等）。吊索的绳扣一般都是人工插接而成的，图 2—19 是建筑起重作业中常用的吊索形式。

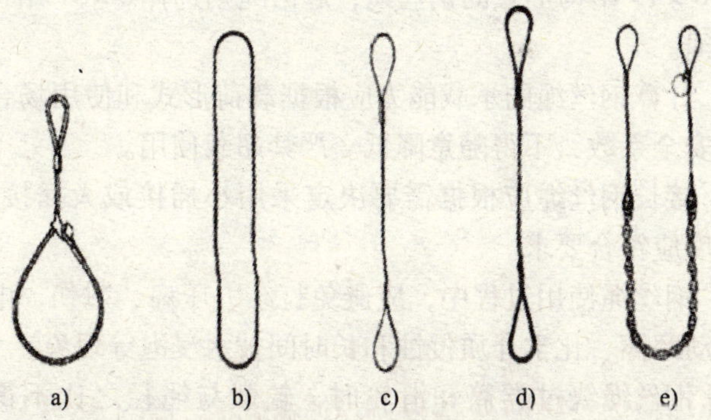

图 2—19 吊索

a）可调捆绑式吊索 b）无接头吊索（无极绳）

c）压制吊索 d）编制吊索 e）钢坯专用吊索

7. 钢丝绳的使用、维护与保养

(1) 钢丝绳的正确使用

1) 新钢丝绳开卷解开时，应采用牵引车水平牵拉放劲，或吊车吊起绳盘空中旋转放劲，或人工手摇放劲。避免由于方法不当使钢丝绳形成环圈扭结，绳股产生弯曲疲劳，降低使用寿命。如图 2—20 所示。

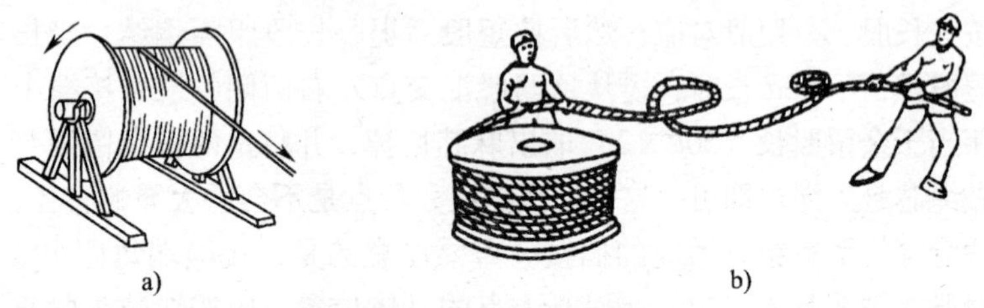

图 2—20　钢丝绳的开卷方法

a) 正确开卷方法　b) 错误开卷方法

2) 钢丝绳在使用前应根据相关标准进行质量检查，包括外观检查。

3) 应根据不同用途选择合理的钢丝绳结构形式，如拖拉绳可选择 6×19 结构形式的钢丝绳，起吊绳则选择 6×37 结构形式的钢丝绳。

4) 计算钢丝绳的承载能力应根据载荷形式和使用场合确定合理的安全系数，不得随意降低。严禁超载使用。

5) 接长钢丝绳应根据需要决定采用小插接或大插接形式，插接长度应符合要求。

6) 钢丝绳使用过程中，应避免打结、压扁、尅伤、电弧打伤、滑动摩擦、化学介质侵蚀和长时间被水浸泡等现象。

7) 钢丝绳绕过卷筒和滑轮时，轮毂与绳径之比不得小于 16:1。

8) 滑轮绳槽半径应大于绳半径的六分之一。

9) 钢丝绳在卷筒上应按顺序排列。

10）切断钢丝绳时，为避免绳头松散，应预先用细铁丝扎紧切断处的两端，切断后立即将断口处的每股钢丝熔合在一起。

11）钢丝绳应避免与电焊导线或其他电线接触，当有可能相碰时，应预先采取防护措施。

12）钢丝绳通过架空输电线上方时，应搭设牢固的竹（木）过线桥架。在架空电线的一侧或下方工作时，钢丝绳与架空输电线的安全距离应符合表2—11的规定：

表2—11　　钢丝绳与架空输电线的安全距离

输电导线电压/kV	1以内	1~15	20~40	60~110	220以内
安全距离/m	1.5	3	4	5	6

13）钢丝绳在与硬物或被吊物品的棱角接触处，应用木板或麻袋等物垫好，以免损伤钢丝绳。

14）钢丝绳在使用过程中，如发现有油渗出，说明受力过大，应停止工作，进行检查或更换钢丝绳。

（2）钢丝绳的维护与保养

钢丝绳在使用过程中机械磨损、自然腐蚀和局部触伤等情况时有发生。为避免和减少这些情况，延长钢丝绳的使用寿命，一般规定使用和存储钢丝绳时，要定期涂刷保护油。对长期使用的钢丝绳，至少每隔4个月要涂刷一次；对短期使用，使用时间不超过一年的，原则上使用前涂刷一次即可。对于入库存储的钢丝绳，除了预先将钢丝绳表面污垢清除干净并涂刷一层防护油外，还应把钢丝绳轻松卷成圆盘，平放于木板台上，并置于干燥通风处。

对日常使用的钢丝绳，应每天进行检查，包括对端部的固定连接、平衡滑轮处的检查，并做出安全性的判断。

8. 物料起重机钢丝绳损坏的常见原因

（1）选用的钢丝绳规格不正确。

（2）钢丝绳长期缺乏维护、润滑。

（3）钢丝绳脱槽。

（4）钢丝绳在卷筒上排绳不齐，相互挤压。

（5）钢丝绳尾端固结不正确。

（6）钢丝绳穿绕不正确或设计缺陷，造成与其他部位非正常的机械磨损。

第三节 起 重 机 具

一、滑车与滑车组

滑车与滑车组是起重吊装以及搬运作业中常用的起重工具，常与卷扬机械一起构成起重或牵引的动力机构。

1. 滑车

滑车通常由外壳钢夹板、滑轮、轮轴和吊钩（吊环或吊梁）四部分组成。其主要作用：一是改变绳索的受力方向，二是穿绕钢丝绳构成滑轮组起省力作用。

（1）滑车的类型

按滑车的作用分：导向滑车、定滑车和动滑车。

按滑车的轮数分：滑车具有的滑轮数又称门数，分为单门滑车，双门滑车、三门滑车以及多门滑车，目前最多的滑轮数为十门。单门滑车又称导向滑车，有开口和闭口两种形式，双门滑车也有双开口和闭口两种形式，多门滑车一般均为闭口形式。

按滑车取物吊具分：吊钩式、链环式、吊环式和吊梁式等，如图 2—21 所示。一般小型滑车采用前三种，而大型滑车采用后两种。

（2）滑车的规格与承载能力

现行的滑车标准为 JB/T 9007—1999《起重滑车》，标准涵盖

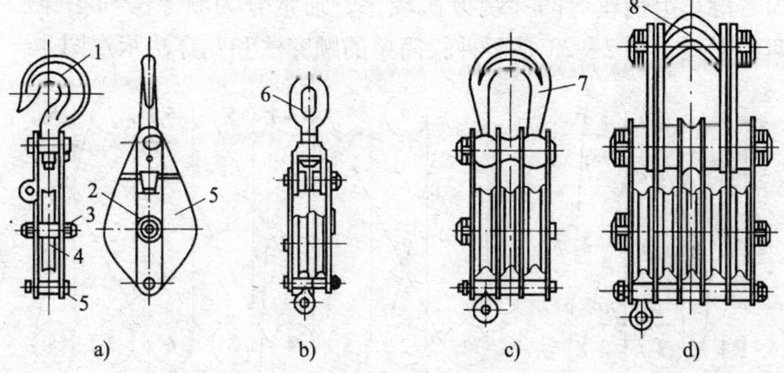

图 2—21　滑车示意图

a）单门开口吊钩型　b）双门闭口链环型　c）三门闭口吊环型　d）五门吊梁型

1—吊钩　2—轴套　3—轴　4—滑轮　5—夹板　6—链环　7—吊环　8—吊梁

了 HQ 系列滑车（通用滑车）和 HY 系列滑车（林业滑车），规定了 10 门，额定起重量 320 t（吨）以下起重滑车的形式、基本参数、尺寸和技术条件，图 2—22 是起重滑车型号表示方法示例。

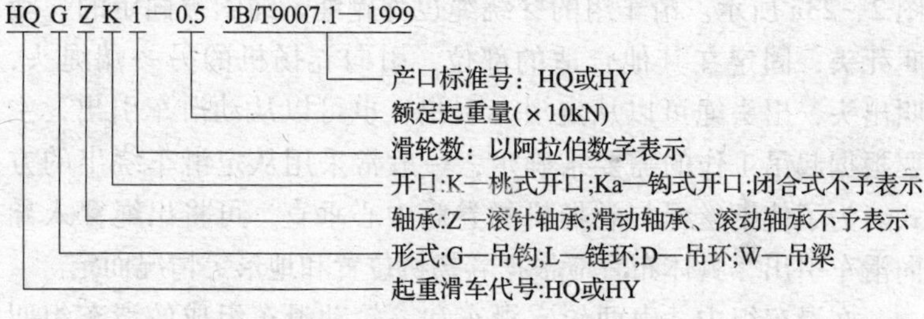

图 2—22　起重滑车型号表示方法示例

选用滑车时，既要考虑满足额定起重量要求，同时还应考虑滑轮直径与使用的钢丝绳直径匹配。

2. 滑车组

由若干个定滑车和动滑车通过钢丝绳穿绕组成滑车组，滑车组有省力滑车组，也有增速滑车组，最常用的是省力滑车组。

（1）滑车组钢丝绳的穿绕方法

滑车组钢丝绳的穿绕方法较多，通常分为顺穿法和花穿法两种形式，图 2—23 是两种较简单的顺穿法和花穿法示意图。

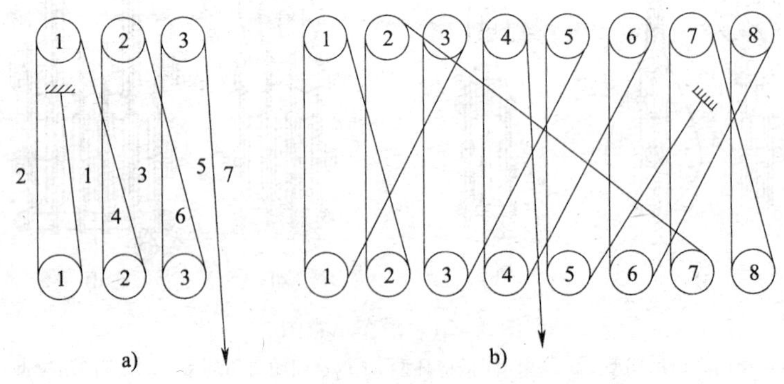

图 2—23　滑车组穿绳方法

a）顺穿法　b）花穿法

所谓顺穿法，就是将绳索自滑车组的定滑车或动滑车的一边滑轮，按顺序上下依次穿绕 1—2—3 直至最后一轮引出，如图 2—23a 所示。滑车组的穿绕绳也称跑绳，绳索被固定的一端叫死头，固定在其他合适的部位，引向卷扬机的另一端绳头，叫出头，出头绳可以从定滑车引出，也可以从动滑车引出，主要根据起吊工作的需要来确定，一般常采用从定滑车绕出的方式。为了使钢丝绳与卷扬机的卷筒中心垂直，可将出绳穿入导向滑车引出，具体布置应根据卷扬机位置和地形等情况而定。

在滑车组中，由两轮定滑车和一轮动滑车组成的滑车组叫“二一”滑车组，由两轮定滑车和两轮动海车组成的滑车组叫“二二”滑车组。其余类推，如“三三”滑车组，“四四”滑车组等。

滑车组中，动滑车上穿绕绳索的根数叫做有效支数，也叫“走数”，是直接承受重物的有效绳数。如动滑车上穿绕三根绳，叫“走三”，穿绕四根绳子叫“走四”等。

花穿法又称叉穿法，采用花穿时，钢丝绳自滑车中间某一滑轮穿入，按一定规律交叉穿绕。根据不同的交叉穿法，花穿法又分为大花穿和小花穿。花穿的方法较多。一般在吊装重型设备和构件时，滑车组门数较多，如只用一台卷扬机牵引，为保证滑车组受力均匀、起吊平稳应采用花穿法。图 2—23b 所示为一种花穿法示意图。

顺穿法和花穿法各有优缺点，可根据实际情况选用。一般五门以上，采用单头出绳时应采用花穿法。

(2) 双联滑车组

滑车组采用单头出绳时，既可以从动滑车引出，也可以从定滑车引出，如图 2—24a、图 2—24b 所示，这样的滑车组称为单联滑车组。

在起吊重量很大时，为省力需采用多门滑车组，两台卷扬机联合吊装，此时滑车组要采用双出头的穿绕方式，即双滑车组，如图 2—24c 所示。

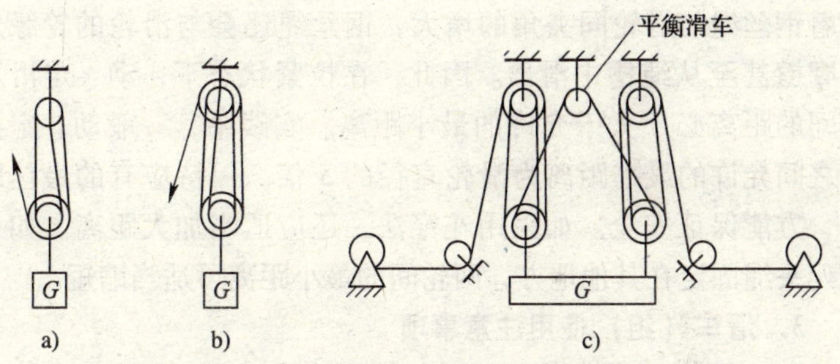

图 2—24　单联滑车组和双联滑车组

a）跑绳自动滑车引出的单联滑车组　b）跑绳自定滑车引出的单联滑车组

c）双头出绳的双联滑车组

双联滑车组穿绕中一般需有一平衡滑车，如图 2—24c 所示，其作用是为了在起吊重物时，使两个滑车组的升降速度能自动调节成一致，并使每个滑车上的受力均匀，可保持吊物平稳地升降。由于双联滑车组有两个出头，可用两台卷扬机同时牵引，因而其速度比单联要快一倍。

（3）滑车组的倍率（传动比或变速比）

滑车组的倍率通常是指滑车组理论上的省力或增（减）速的倍数。以起吊的荷重和滑车组牵引端绳索的理论牵引力的比值，或以滑车组牵引端绳索的牵引速度和起吊的荷重的起升速度的比值来表示。从定滑车引出的滑车组的倍率等于直接承载起吊重物的工作绳数，也等于动、定滑车组滑轮个数之和。通过数滑车组工作绳数或动、定滑轮个数可以快速便捷地判断滑车组的倍率。对引端从动滑车引出的滑车组，滑车组的工作绳数等于滑车组的总滑轮数加 1。

（4）滑车组在拉紧状态时动、定滑车间最小距离

滑车组在起重作业中，由于钢丝绳本身在制造过程中的绕劲和穿绕时的绕劲，随着荷重的不断起升，滑轮之间的距离逐渐缩短，并且钢丝绳之间的夹角越来越大，受力增加；此外，随着钢丝绳与滑轮间夹角的增大，钢丝绳还会与滑轮的轮缘发生摩擦甚至从绳槽中滑出。因此，在拉紧状态下，动、定滑车之间的距离必须大于允许的最小距离。实践中，一般动、定滑车之间允许的最小距离为滑轮直径的 5 倍。保持应有的最佳距离，方能保证安全。如采用花穿法，还应适当加大距离。如果把死头绳固定在其他地方，两轮间的最小距离可适当缩短。

3. 滑车（组）使用注意事项

（1）严格按照滑车出厂额定起重量使用，不允许超载。如无滑车出厂安全起重量时，可进行估算，且此类滑车只能在一般吊装作业中使用。

（2）滑车在使用前，应检查各部分是否良好，对滑车和吊钩如发现有变形、裂痕和轴的定位装置不完善，不予使用。

（3）选用滑车时，滑轮直径的大小和轮槽的宽窄应与配合使用的钢丝绳直径大小相匹配。

（4）在受力方向变化较大的地方和高空作业中，不宜使用吊钩式滑车，应选用吊环式滑车以防脱钩，如用吊钩式滑车，

必须用铅丝绑牢封口。

（5）滑车在使用过程中，应对滑车轮、轴定期加油润滑，这样既能在工作时省力，又能减少磨损和防止生锈。

（6）滑车使用完后，应擦洗干净，并涂上黄油，放置在干燥处，防止腐蚀。

（7）使用中应注意绳的牵引力方向和导向轮的位置是否正确，防止绳子脱槽卡死而发生事故。

（8）滑车在出现下列情况之一时应报废：

1）裂纹。

2）轮槽径向磨损量达到钢丝绳名义直径的25%。

3）轮槽壁厚磨损量达基本尺寸的10%。

4）有其他损害钢丝绳的缺陷。

5）中轴中段直径磨损量达到基本尺寸的2%。

6）滑动轴承的壁厚磨损量达到基本尺寸的20%或滚动轴承出现缺损。

7）吊具达到报废标准。

二、手拉葫芦

链式手拉葫芦又称倒链或斤不落，如图2—25所示。它既可以垂直起吊，也可以水平或倾斜使用。广泛使用于小型设备和重物短距离手动吊运，可用来张紧缆风绳，或用来拉紧捆扎物品的钢丝绳等。

根据传动机构不同，手拉葫芦分为普通齿轮传动、行星齿轮传动，老式的还有采用蜗轮蜗杆传动的，目前应用最多的是采用普通齿轮传动。图2—26是HS型手拉葫芦的结构图。HS型系列手拉葫芦为国家定型产品，其额定起重量从0.5～20 t有多种规格。

手拉葫芦具有结构紧凑、省力、携带方便以及操作简单等优点，它不仅是起重常用的工具，也是机械维修常用的拆装工具，在使用时应注意以下几点：

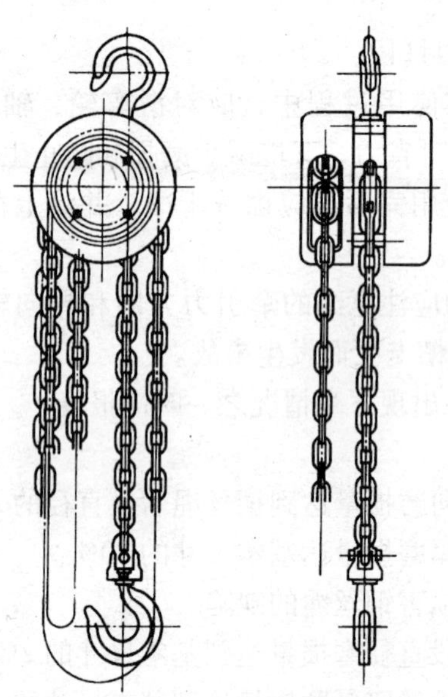

图 2—25　手拉葫芦

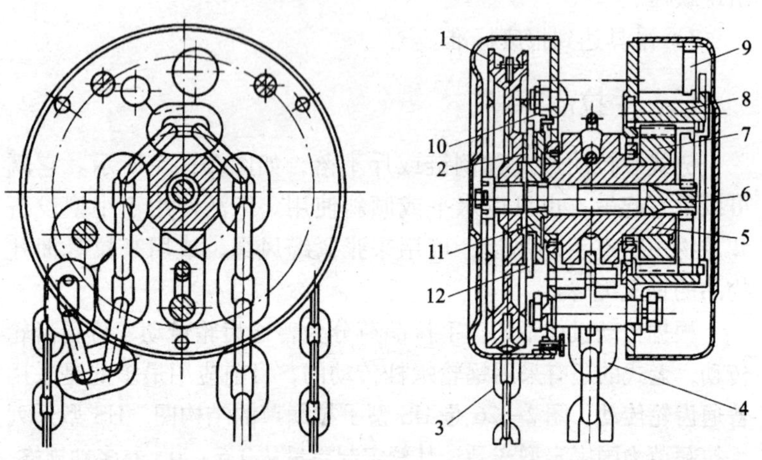

图 2—26　HS 型手拉葫芦结构图

1—手链轮　2—摩擦片　3—手拉链条　4—起重链条　5—起重链轮　6—五齿长轴　7—花链孔齿轮　8—四齿短轴　9—片齿轮　10—棘爪　11—制动器座　12—棘轮

(1) 使用前应检查传动部分是否灵活，链子、吊钩以及轮轴是否有裂纹损伤，手拉链是否有跑链或掉链等现象。

(2) 吊装重物时，首先慢慢拉动链条，当起重链受力后再检查各部分是否有变化，自锁装置是否起作用，经检查确认各部分均正常后，方可继续起吊。

(3) 无论在什么方向使用，手拉链都应与链轮在同一平面，以防手拉链脱槽，拉链时用力要均匀，不能过快、过猛。

(4) 手拉链拉不动时，应查明原因，不得强行硬拉，以免发生事故。

(5) 起吊重物，中途停止的时间较长时，要将手拉链拴在起重链上，防止时间过长自锁失灵。

(6) 手拉葫芦的转动部分要经常上油，保证润滑，减少磨损，但切勿将润滑油渗进摩擦片内，以防造成自锁失灵。

三、吊钩和吊环

用来连接起重机和被起吊的物品的装置统称为取物装置，吊钩和吊环是应用最为广泛的取物装置。

1. 吊钩的种类

根据制造方法不同，吊钩可分为锻造吊钩和片式吊钩；根据外形不同，吊钩又分单钩和双钩两种，如图 2—27 所示。吊钩在使用时挂卸绑绳方便，是起重机和起重滑车的重要组成部分。单钩一般配置在小起重量的起重机上或作为大型起重机的副钩，一般小型的滑车上也配置单钩；单钩还可与钢丝绳插接成各种吊索，成为常用的起重工具。单钩与双钩相比，其制造、使用更为方便，但受力条件没有双钩好，所以大型起重机械，一般都配置双钩。

锻造吊钩一般采用优质低碳镇静钢或低碳合金钢制造，如 20 优质低碳钢、16Mn、20MnSi、36MnSi。片式吊钩一般由若干片厚度不小于 20 mm 的 Q235、20 优质碳素钢或 16Mn 的钢板铆接而成。

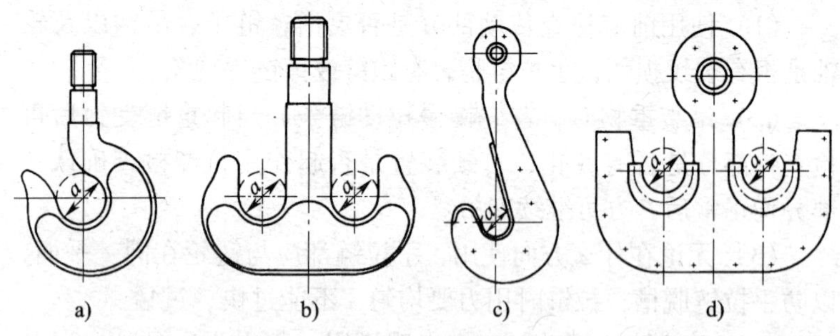

图 2—27　吊钩的种类

a）锻造单钩　b）锻造双钩　c）片式单钩　d）片式双钩

片式吊钩不会发生突然断裂，因为缺陷造成的损坏一般只局限于个别钢板，剩余的钢板仍然能支持吊重，因此，片式吊钩比锻造吊钩具有更好的安全性。损坏的钢板可以更换，不像锻造吊钩，一旦损坏就要整体报废。但片式吊钩由于钩身横断面不如锻造吊钩合理，因而自重较大。

2. 吊钩的报废

（1）吊钩的危险截面

吊钩是起重机械重要的安全构件，使用前必须进行强度校核。吊钩钩身应力最大的截面称为吊钩的危险截面，单钩和双钩钩身危险截面如图 2—28 中的 1—2 截面和 3—4 截面所示。除了对钩身进行强度校核外，还应对钩柄进行强度校核。吊钩严禁超载使用。

（2）吊钩的报废

吊钩使用中出现以下情况之一的应予以报废：

1）钩身表面出现裂纹。

2）钩尾和螺纹部分等危险截面及钩身出现永久变形。

3）挂绳处危险截面磨损量超过原高度的 10%，即图 2—28a、图 2—28b 中的 3—4 截面。

4）心轴磨损量超过其直径的 5%。

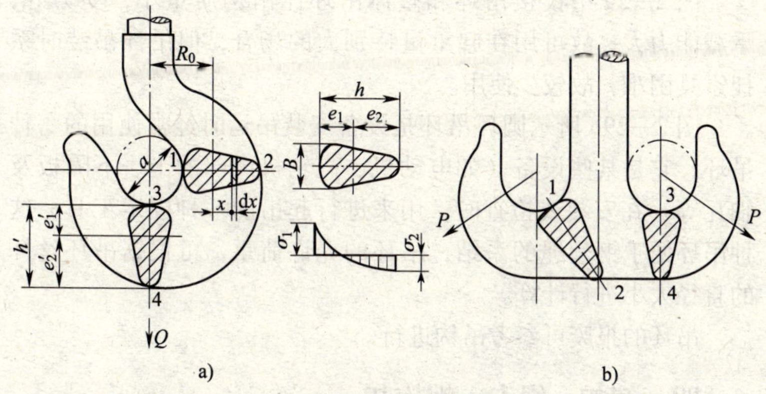

图 2—28　吊钩的危险截面

a）单钩的危险截面　b）双钩的危险截面

5）开口比原尺寸增大 15%。

6）钩身扭转变形超过 10°。

3．吊环

根据构造不同吊环分三种，即铰接吊环、整体吊环和圆环，如图 2—29 所示。

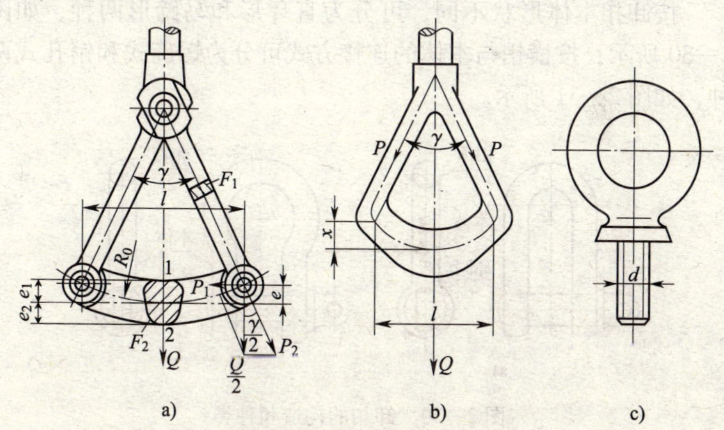

图 2—29　吊环的种类

a）铰接吊环　b）整体吊环　c）圆环

图 2—29 中铰接吊环和整体吊环比吊钩质量小，受力好，承载能力大，故可用在起重量特别大的场合，但吊环吊装时系挂索具困难，故较少使用。

图 2—29c 所示圆环吊环是设备安装吊运时经常使用的一种吊环，它是某些设备（如电动机、汽轮机内部的上、下隔板及轴瓦等）在安装或检查时，用来进行起吊的一种固定工具。这种吊环便于钢丝绳的系结，吊环的允许荷重，可根据吊环丝杆的直径大小进行计算。

吊环的报废可参考吊钩进行。

四、卸扣、绳卡、螺旋扣

1. 卸扣

卸扣又称卸卡、卡环等，常用于千斤绳与千斤绳之间，千斤绳与滑车组等的固定或千斤绳与各种设备（材料件）的连接。因此，卸扣是起重工作中应用最广且较灵便的连接工具。

（1）卸扣的构造和种类

卸扣的种类有很多，但都是由本体和横销两个部分组成。

按卸扣本体形状不同，可分为直环形和马蹄形两种，如图 2—30 所示；按横销与本体的连接方式可分为螺旋式和销孔式两种，如图 2—31 所示。

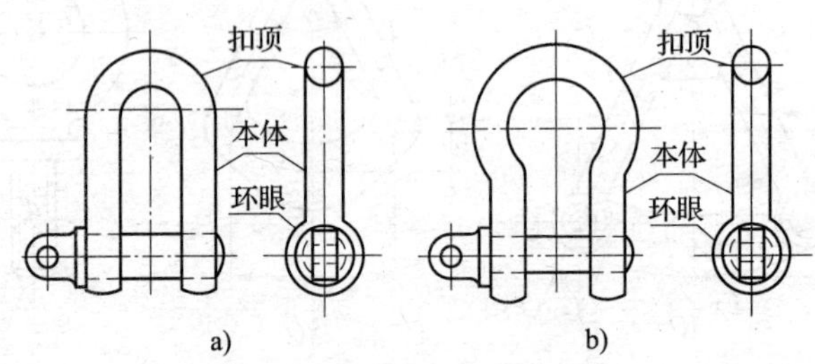

图 2—30　卸扣的构造和种类

a）直形卸扣　b）椭圆形卸扣

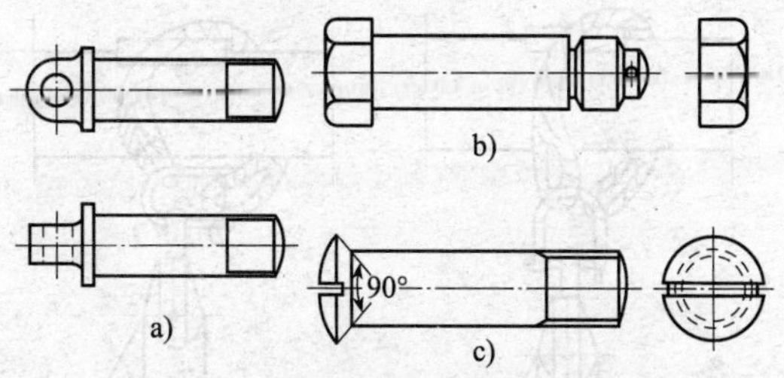

图 2—31　销轴的几种形式

a）W 型，带有环眼和台肩的螺纹销轴

b）X 型，六角头螺栓、六角螺母和开口销　c）Y 型，沉头螺钉

卸扣一般都是锻造的，不能用铸造的方法制造，锻造卸扣的材料常用 20 优质碳素钢，在锻造后必须经过准确的退火处理，以消除其残余的内应力，增加其韧性。

（2）卸扣使用荷重的经验估算

由于卸扣的强度及刚度计算比较复杂，各种卸扣的规格及允许吊重可以通过查表获得。在现场使用中，可以采用较简单的经验公式来估算卸扣的允许吊重。卸扣的承载能力主要与本体部位直径的平方成正比。因此对于直形螺旋式卸扣的允许荷重可按下式估算：

$$P = d_1^2 \times 50（绳索安全系数 K \geqslant 10） \qquad (2—10)$$

$$P = d_1^2 \times 70（绳索安全系数 K \geqslant 6） \qquad (2—11)$$

式中　P——直形螺旋式卸扣的允许荷重，N；

d_1——卸扣本体部位的直径，mm。

（3）卸扣使用注意事项

1）卸扣在使用时，必须注意作用在卸扣上力的方向，不符合受力要求使用时，将大大降低卸扣允许承受的荷重，图 2—32 给出了卸扣正确和错误使用的示意图。

2）不得超负荷使用。在某一工程开始时，对新增卸扣和已用过的卸扣，先要进行外观检查，检查卸扣有无损坏，一般情况

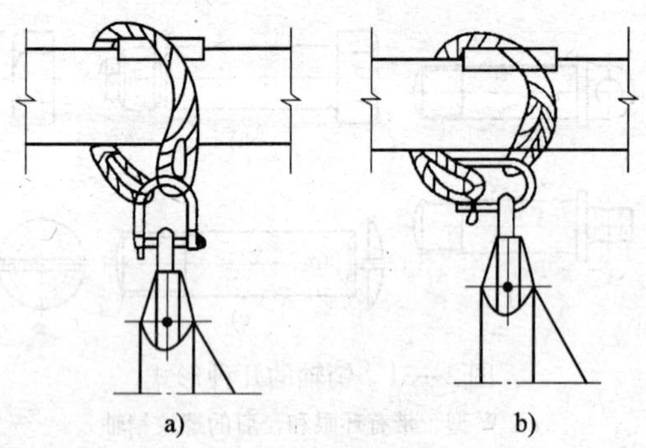

图 2—32　卸扣使用示意图

a）正确的使用方法　b）错误的使用方法

下，可将卸扣挂在空中，用铁锤敲打，声音清脆者为合格，如发现疲劳裂纹或永久变形，应予以报废。在条件许可的情况下，可作无损探伤和 130% 的静负荷试验。

3）卸扣表面光滑，不应有毛刺、裂纹、尖角、夹层等缺陷，不得利用焊接补强法焊接卸扣的缺陷。

4）卸扣在使用时，螺帽或轴的螺纹部分应拧紧，螺纹部分应预先清洗干净，并稍加润滑油。

5）使用时，应考虑轴销拆卸方便，以防拉出落下伤人。

6）不允许在高空将拆除的卸扣向下抛摔以防伤人，同时防止使卸扣碰撞变形及在内部产生不易发觉的损伤与裂纹。

7）工作完毕后，要将卸扣收回，擦干净放在干燥处，以防表面生锈影响以后的使用。

2. 绳卡

钢丝绳绳卡，也叫钢丝绳卡头或卡子。主要用于各种缆风绳绳头的固定，滑车组穿绕钢丝绳死头的固定，钢丝绳的临时连接及捆绑绳的固定等。

（1）绳卡的种类和形式

绳卡有两种形式：一种是 U 形卡子，另一种是 L 形（又叫握拳式）卡子。U 形卡子又分骑马式和压板式，其中骑马式连接力量最强，应用最广，是国家的标准件；压板式次之。握拳式由于没有底座，容易损伤钢丝绳，连接能力也较差，一般只用于缆风绳、牵引绳的连接，如图 2—33 所示。

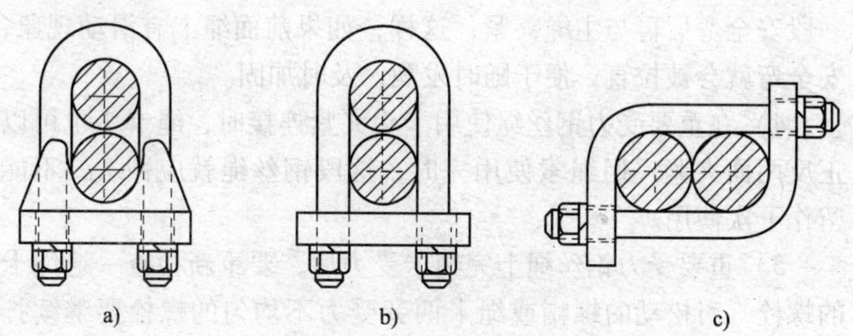

图 2—33　绳卡的种类和形式

a）骑马式　b）压板式　c）拳握式

（2）绳卡使用时的注意事项

1）钢丝绳绳卡的大小，要适合钢丝绳的直径。每个钢丝绳绳卡之间的排列间距约为钢丝绳直径的 8 倍，根据钢丝绳直径的不同，卡头的间距及数量可参考图 2—12d 和表 2—9。

2）使用钢丝绳绳卡时，应将 U 形环绕部分卡在绳头一边，如图 2—34 所示。这是因为 U 形环对钢丝绳的接触面小，使钢丝绳容易产生弯曲和损伤，如卡在主绳一边，则会影响主绳的抗拉强度，而卡在绳头一边，由于 U 形环使绳头弯曲，如有松动和滑移，绳头也不会从 U 形环中滑出，只是绳卡与主绳滑动，有利于安全生产。

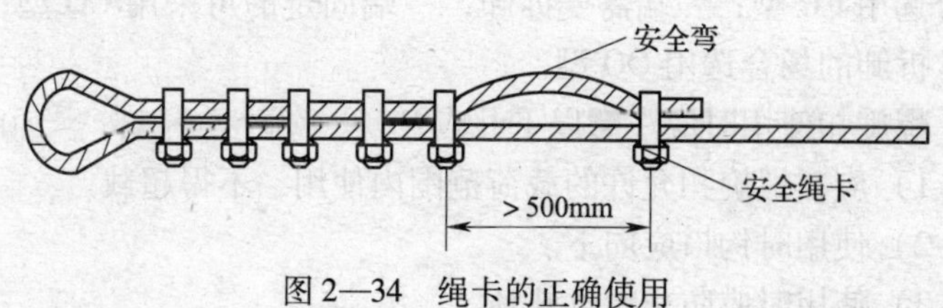

图 2—34　绳卡的正确使用

3）使用绳卡固定时，一定要把 U 形环螺帽拧紧，直到钢丝绳（活头）直径被压扁约 1/3 为止。为观察钢丝绳受力后是否有滑动现象，可采用增加一只安全绳卡的方法，如图 2—34 所示，安全绳卡安装在距最后一只绳卡约 0.5 m 处，将绳头放出一段安全弯后再与主绳夹紧，这样，如果前面绳卡有滑动现象，安全弯就会被拉直，便于随时发现，及时加固。

4）在重要受力钢丝绳使用卡头夹紧连接时，绳卡头也可以正反两面夹紧，但绳索使用完时，这段钢丝绳就应截去，不能留作下次使用。

5）重要受力钢丝绳上完绳卡受力后，要重新检查一遍绳卡的螺栓，对松动的螺帽或绳卡两旁受力不均匀的螺栓要继续拧紧。

6）利用绳卡连接钢丝绳时，严禁采用单绳头直接对卡和中间加一钢筋卡紧，而要将绳头折回再夹紧。

7）钢丝绳卡头在使用后要检查螺栓螺纹有否损坏。暂不使用时，应在螺纹部位涂上防锈油，并放在干燥的地方，以防生锈。

3. 螺旋扣

螺旋扣又称花篮螺栓、索具螺旋扣、拉紧器和伸缩节等，是用来调节钢丝绳松紧的工具，如张紧和放松拉索、缆风绳等。螺旋扣的类型较多，常见的根据两头连接件的不同有 CC 型、CO 型和 OO 型。图 2—35 给出了 CO 型和 OO 型螺旋扣的示意图，CC 型两端均为吊钩的形式。一般情况下，经常需要拆卸的场合选用 CC 型；一端需要拆卸，一端固定的可采用 CO 型；不经常拆卸的场合选用 OO 型。

螺旋扣使用时应注意以下几点：

1）应在螺旋扣允许的载荷范围内使用，不得超载。

2）使用时钩口应向下。

3）使用时应防止螺纹轧坏。

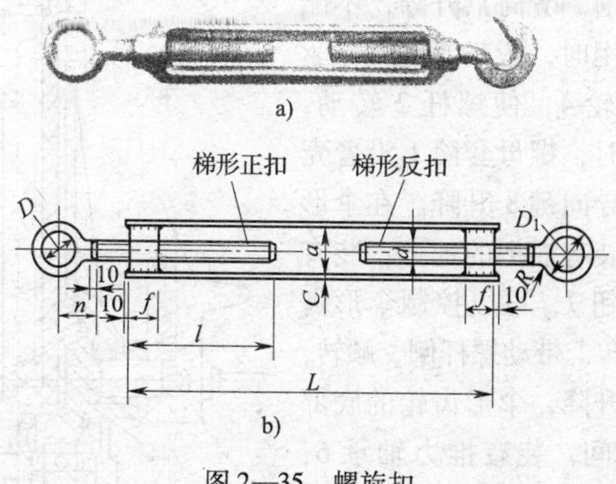

图 2—35　螺旋扣
a）CO 型螺旋扣　b）OO 型螺旋扣

4）长期不用时，应在螺纹处涂好防锈油脂。

五、千斤顶

千斤顶是一种简单的起重工具，可帮助人用较小力量顶高、降低或移动重物，且可以使顶升的物品正确地停止在要求的高度，其特点是结构简单、紧凑，工作平稳无冲击，自重轻，便于携带等。

一般千斤顶的工作行程并不很大，因此，当要求顶升重物至较高的高度时，就必须分几次进行。在这种情况下，一般用枕木将顶起的重物垫好，逐步顶高。

常用的千斤顶有三种类型，即：螺旋千斤顶、液压千斤顶和齿条式千斤顶。其中又以前两种使用最广泛。按驱动方式的不同，可分为：人力驱动和电力驱动的千斤顶。

1. 螺旋千斤顶

图 2—36 是伞齿轮螺旋千斤顶结构图，螺旋千斤顶的壳体内装置了螺母套筒、螺杆和齿轮传动机构等。其螺杆部分只能

转动，不能升降，在套筒上铣有定向的键槽，套筒只升降，不能转动。使用时，扳动摇把 3，驱动伞形齿轮 4，使螺杆 2 转动，螺杆旋转时，螺母套筒 1 沿着壳体上部的导向键 8 升降。在伞形齿轮外部装有摇把的地方，装有一换向按钮 7，可以控制伞形齿轮的正反转，带动螺杆倒、顺转，实现套筒升降，伞形齿轮的底部与底座之间，装有推力轴承 6，以减少螺杆底部的摩擦，这种千斤顶的起重量为 30 ~ 500 kN，顶升高度可达 250 ~ 400 mm。螺旋式千斤顶的优点是操作省力，上升速度较快。

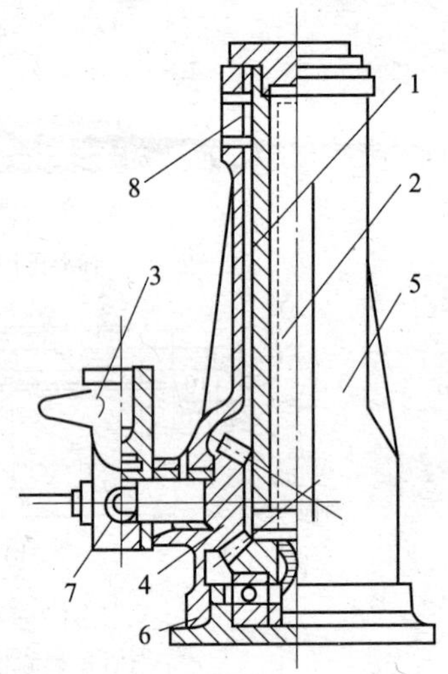

图 2—36　螺旋千斤顶

1—螺母套筒　2—螺杆　3—摇把
4—伞形齿轮　5—壳体　6—推力轴承
7—换向按钮　8—导向键

2. 液压千斤顶

液压千斤顶具有上升平稳，安全可靠，操作简单、省力，工作效率高，起重量大等优点。

液压千斤顶有手动和机动两种，两者的工作原理相同，前者采用人力驱动，后者采用电动液压泵驱动，液压千斤顶的起重量从 500 ~ 3 200 kN 有多种规格，最大的可达 5 000 kN，起重高度为 100 ~ 200 mm。图 2—37 是手动液压千斤顶的结构原理图。

3. 千斤顶的使用选择和保养

1）根据被顶升物体的重量和能支撑位置选用千斤顶的个数和吨位，由于千斤顶顶升速度不一致，几个千斤顶同时使用时，每个千斤顶的承载按其额定起重量的 0. 5 ~ 0. 75 倍计算。

2）根据被顶升物体的重量、外形及所处的环境和施工的要求选用千斤顶。

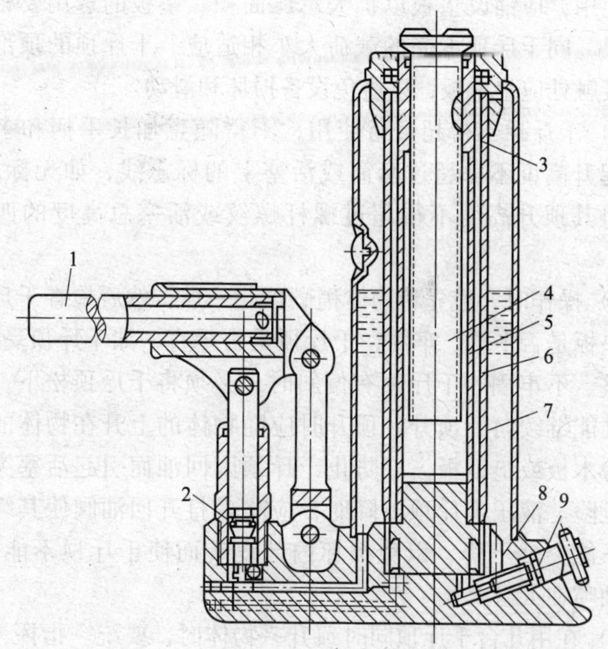

图 2—37　液压千斤顶

1—手柄　2—油泵　3—限位油孔　4—调整螺杆　5—活塞
6—油缸　7—储油室　8—通油孔　9—回油阀

3）千斤顶用完后，应将油室中的油放完并将外表擦干净，放在干燥的地方，下面要垫木板或隔潮物，由专人保管。

4）千斤顶若长时间不用，要全部打开，将橡胶碗、密封圈、弹子等洗干净，避免腐蚀。

5）千斤顶所用的油料，要妥善保管，不得进入脏物及水。

4. 使用千斤顶注意事项

1）千斤顶应放在干燥无尘的地方，不可日晒和雨淋。

2）千斤顶使用前应擦洗干净，并应检查活塞升降和各部件是否灵活，有无损坏，油液是否干净等。

3）千斤顶使用时，应放在平整坚固的地方，若在松软的地面上使用，应铺设垫板以扩大承压面积。垫板的选用要根据地质情况，同千斤顶承受的载荷大小相适应。千斤顶的顶部和物体的接触处应垫木板，以避免设备损坏和滑动。

4）千斤顶不得超负荷使用，不得随意加长手柄和多人加压。起升高度不得超过套筒或活塞上的标志线，如无标志线，使用时其顶升高度不得超过螺杆螺纹或活塞总高度的四分之三。

5）操作时，应先将物体稍微顶起一点，然后检查千斤顶底部的垫板是否平整、牢固，千斤顶是否垂直，如千斤顶受压后，不平整、不牢固、千斤顶有偏斜时，必须将千斤顶松下，处理好后才能继续向上顶升。顶升时应随物体的上升在物体的下面垫保险木板或垫钢板，以防止千斤顶因回油而引起活塞突然下降的危险。液压千斤顶下降时，应略微打开回油阀使其缓慢下降，不能突然下降，以免损坏内部皮碗而使千斤顶不能使用，或将油喷在人身上。

6）在用几台千斤顶同时顶升一物体时，要统一指挥，应同时顶升或下降，速度要基本相同，避免因升降速度不一致造成物体倾斜发生事故，如条件许可，可用公共油泵集中操作。

六、电动葫芦

1. 电动葫芦的类型和用途

电动葫芦是一种常用的轻小型起重机具，是将电动机、减速机构、卷筒等紧凑结合成一体的起重机械，根据起重挠性构件的不同分为：钢丝绳式电动葫芦、环链式电动葫芦和板链式电动葫芦三种类型，其中以钢丝绳式电动葫芦最为常用，如图 2—38 所示。

电动葫芦由运行和起升两大部分组成，可以单独使用，一般是安装在直线或曲线工字梁轨道上，用以提升和移运重物，常与电动单梁或悬臂等起重机配套使用。

电动葫芦的起重量一般为2.5～50 kN，最大的可达100 kN，提升速度为4.5～10 m/min，提升高度一般为6～30 m。

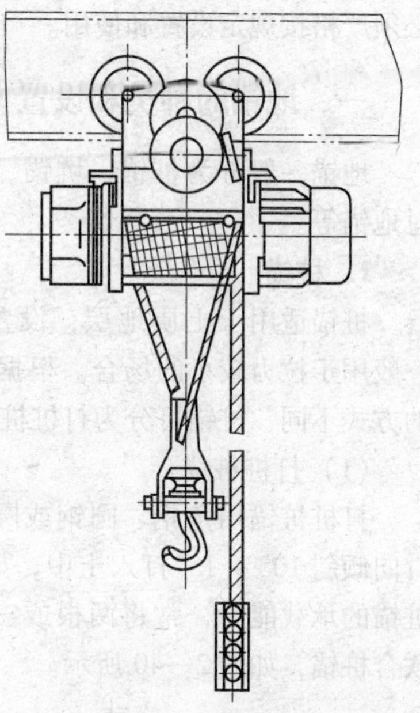

图2—38　钢丝绳式电动葫芦

2. 电动葫芦使用保养注意事项

1）必须经常检查钢丝绳，发现有断丝情况，必须更换。

2）钢丝绳在卷筒上排列整齐，不得重叠散乱。

3）卷筒两端轴承，每星期要加油一次。

4）制动部分不可沾有润滑剂，否则会使刹车失灵。

5）在运行发现设备有不正常声响时，应立即停车检查。

6）防止超载荷使用。

7）电动葫芦使用前，应按规定作负荷试验。

8）行驶用工字钢两头要有挡板，电动葫芦本身要有缓冲器。

9）使用中，不得斜拉斜拖，避免发生事故。

第四节　地　　锚

地锚也叫地龙或锚碇，多用于固定卷扬机、导向滑车、缆风绳、溜绳及滑车组等，它是影响安全吊装的关键部件之一，必须严格按规定设置和使用。

一、地锚的种类和设置方法

地锚一般分为桩锚、坑锚、混凝土地锚、压重式地锚和临时地锚等。

1. 桩锚

桩锚适用于土质地层，设置较简单，桩锚允许拉力较小，一般用于拉力较小的场合。根据圆木（或钢管）倾斜放入土中的方式不同，桩锚可分为打桩桩锚和埋设桩锚两种。

（1）打桩桩锚

打桩桩锚用角钢、圆钢或圆木，采用垂直或向受拉的相反方向倾斜10° ~ 15°打入土中，如图 2—39 所示。有时为了增加桩锚的承载能力，常将两根或三根打桩桩锚连接在一起，形成联合桩锚，如图 2—40 所示。

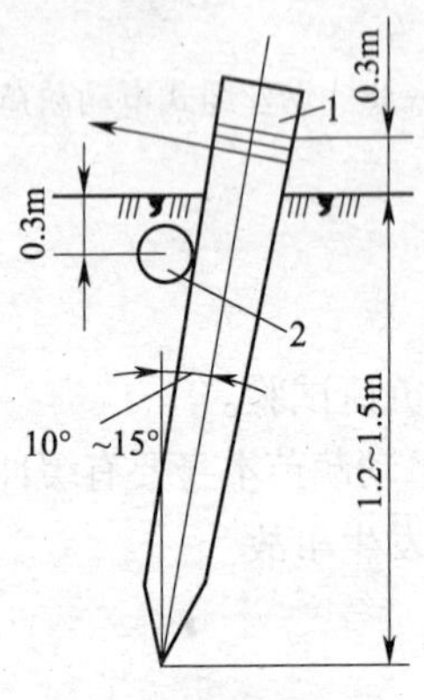

图 2—39　打桩桩锚

1—锚桩　2—挡木

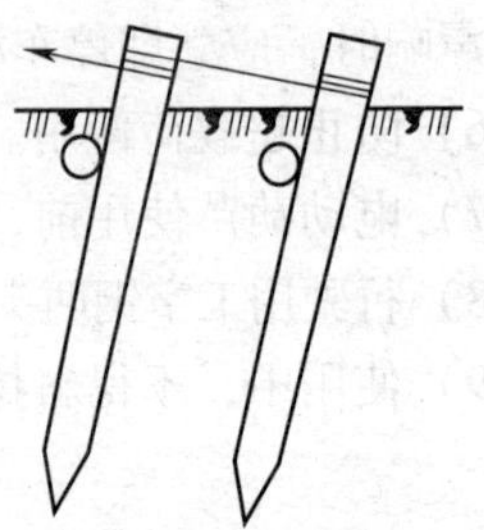

图 2—40　联合打桩桩锚

与埋设桩锚相比，打桩桩锚设置简单，省时省力，故在起重作业中得到广泛应用。

（2）埋设桩锚

埋设桩锚是将圆木、方木、枕木或钢管等倾斜放在预先挖好的深坑中，在圆木的上部距地面 0.3 m 右前方和下部后方横放枕木或圆木，将倾斜的圆木桩卡住，然后用土填埋夯实，如图 2—41 所示。

此法由于施工较烦琐，故在起重作业中较少使用。

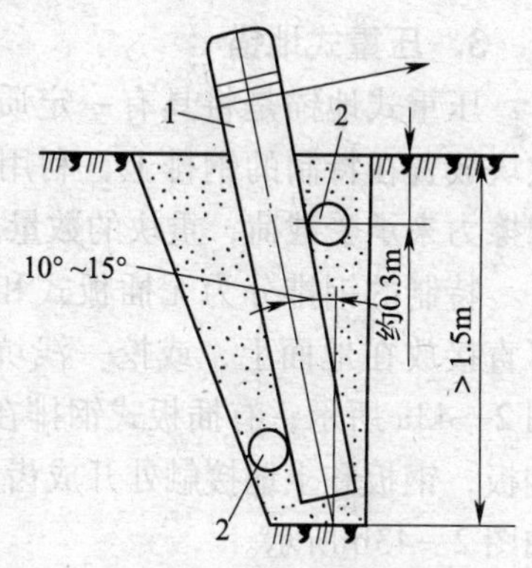

图 2—41 埋设桩锚

1—锚桩 2—挡木

2. 坑锚

坑锚又称全埋式地锚，它的承载能力很大，一般能够承受 30~500 kN 的力，因此，在要求地锚承载能力较大时应采用坑锚。如桅杆起重机缆风绳的固定及拖运大型设备时滑车组的固定，一般都采用坑锚。坑锚在埋设前，应先根据锚碇的长短挖一个锚坑，将钢丝绳系结在锚碇中间一点或对称系结在两点，横放在坑底，钢丝绳在坑前部倾斜引出地面，倾斜角度一般为 30°~40°，然后进行回填土，回填土时每隔 200~300 mm 夯实一次，回填夯实后的土层需高出原有地面，以防坑内进水，如图 2—42 所示。

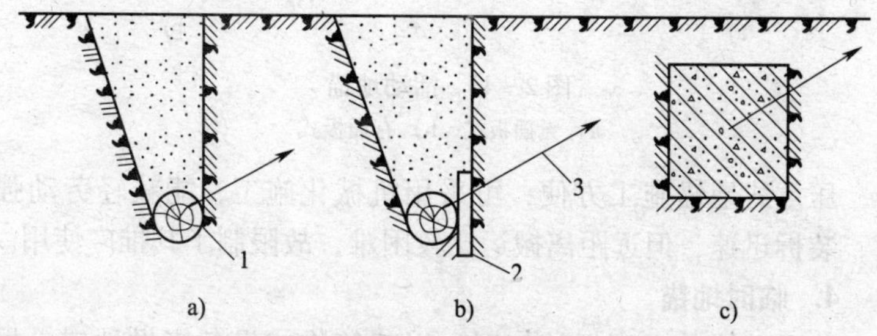

图 2—42 埋设桩锚

a）无挡木坑锚 b）有挡木坑锚 c）混凝土坑锚

1—锚桩 2—挡木 3—引出的钢丝绳

坑锚的埋设深度、锚桩采用的材料以及引出的钢丝绳与锚桩的连接方式等，应根据承载能力的大小和土壤的性质来决定。对于永久性固定的地锚和所需承载能力很大而土质情况又不好的情况下，可以采用混凝土坑锚，如图 2—42c 所示。

3. 压重式地锚

压重式地锚是将具有一定质量的钢锭、混凝土块、石块等重块放置在特制的钢排上，利用钢排的重力和钢排与地面间的摩擦力来承受载荷，重块的数量由地锚承受的载荷决定。

特制的钢排分为无插板式和有插板式两种。无插板式钢排可直接放在地面上，或挖一浅坑放置，以增加水平抵抗力，如图 2—43a 所示；有插板式钢排在排下增加了几排有足够强度的钢板，钢板和土地接触处开成齿形，使之在承载后被压入土中，如图 2—43b 所示。

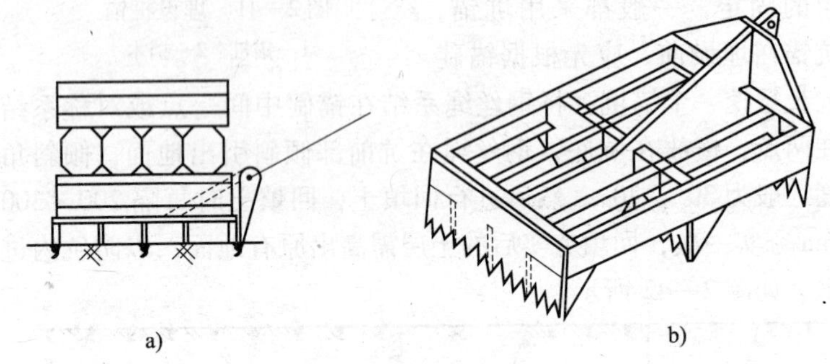

图 2—43　活动地锚

a）无插板式　b）有插板式

压重式地锚施工方便，可采用机械化施工，能减轻劳动强度，装拆迅速，但远距离搬运比较困难，故限制了其推广使用。

4. 临时地锚

临时地锚是在现场施工时，以建筑物或设备当做地锚，根据设备拖运或吊装的需要临时选定。实践中利用这种方法的机会比较多，但一般只能当做导向滑车或起吊量不大的滑车组的绑扎点，且使用时要注意以下几个问题：

（1）要知道需用的地锚的实际拉力大小。

（2）要了解被当做地锚的混凝土柱子、梁及设备本身的稳定性及所允许承受的水平或垂直拉力。

（3）如须用做拉力较大的地锚，使用前要征得现场设计代表的许可，或根据其结构进行受力的验算，确无问题方能使用。

（4）活动的设备严禁选作地锚。

（5）正在运行的设备严禁选作地锚。

（6）选用建筑物作地锚，施工中要提高工艺，严禁用后损坏。

二、地锚使用注意事项

地锚在起重作业中起着重要的作用，它是影响安全吊装的关键，埋设及使用应注意下列事项：

（1）根据土质情况按设计尺寸开挖土方，开挖基槽要求规整。

（2）地锚埋设地点要求平整，不潮湿，不积水，因为雨水渗入坑内会泡软回填土壤，降低土壤的摩擦力。

（3）拉杆或拉绳与地锚横木连接处，一定要用薄铁板垫好，防止由于应力过分集中而损伤地锚横木。

（4）地锚只允许在规定的方向受力，其他方向不允许受力，不能超载使用。

（5）重要地锚要经过拉试才能正式使用，使用时应指定专人检查，如发现异常，应采取措施，以防发生事故。

（6）地锚附近不允许取土，地锚拉绳与地面的水平夹角应为30°左右，否则会使地锚承受过大的竖向拉力。

（7）固定的结构物与建筑物，可以利用作为地锚，但必须经过核算，证明安全可靠才能利用。

第三章

建筑用物料提升机

第一节 概　　述

建筑用物料提升机简称物料提升机，是建筑工地用于物料垂直运输的起重机械之一，其具有构造简单，制造容易，安装、拆卸和使用方便，以及价格低等优点，在中小型建筑工地的应用十分广泛。

在建筑施工和有关建筑规范中，物料提升机专指龙门架提升机和井架提升机两类起重设备。龙门架提升机的架体是由一根横梁（天梁）连接两根立柱组成，形如“门框”，如图3—1a所示，“龙门架”名称由此而来；井架提升机的架体由四根立柱和多根水平和倾斜的杆件连缀而成，如图3—1b所示，其形如“井”而得名。

在20世纪60年代以前，由于我国工业基础十分薄弱，生产力落后，在建筑施工中缺少应有的施工机械，于是人们就尝试采取各种方法和装置来减轻劳动强度，提高生产率，于是，在建筑施工中就有了用木料或竹子材料搭设架体，用人工牵拉作为动力的简单起重装置，这就是物料提升机的雏形。到了20世纪60年代，随着我国工业的发展和设备技术的进步，在建筑施工中，出现了由钢材拼装架体，以电动卷扬机作为动力的具有较大起重量的物料提升机。这是物料提升机发展的第一阶段，其结构比较简单，电气控制及安全装置也很不完善，普遍使用搬把式倒顺开关以及挂钩式、弹闸式防坠落装置，操作时无良好的点动功能，停位不准确。

a)

b)

图 3—1 物料提升机

a）龙门式单笼物料提升机 b）井架式双笼物料提升机

20 世纪 70 年代初，随着钢管扣件式脚手架的应用，出现了用钢管扣件搭设架体，使用缆风绳稳固的简易井架，这是物料提升机发展的第二阶段。这种提升机虽然拆装十分方便，但架体刚度和承载能力都较低，一般仅用于七层以下的多层建筑。在这一时期对井架提升机的认识是将其看做一种在施工现场临时搭建的起重装置，表现在管理上，是将机架和提升卷扬机作为周转材料和动力设备分别进行管理。

改革开放后，随着建筑业的迅速发展，逐步出现了双立柱和三立柱的龙门架物料提升机。为了提高物料提升机的安全程度和起重能力，20 世纪 80 年代逐步淘汰了钢管和扣件搭设的物料提升机，开始采用型钢来制造成型的架体结构。这是物料提升机发展的第三阶段。

由于物料提升机具有结构简单、制造容易，安装、拆卸和使用方便等优点，其在建筑行业的应用日趋广泛。但随之而来的是由于设计、制造、安装、使用不当所造成的事故开始增多。进入20世纪90年代，建设部颁布了第一部物料提升机的行业标准——《龙门架及井架物料提升机安全技术规范》（JGJ 88—2010），对物料提升机从设计、制造、安装检验到使用管理，尤其是安全装置方面做出了较全面的规范。

规范的实施，改善了物料提升机的结构性能，使其安全性有了较大的提高，应用的范围也越来越广，但尚未形成标准化、系列化、规模化和商品化的生产制造体系，目前使用的物料提升机许多是企业自制或小企业非规模化制作的，产品质量参差不齐，安装使用和维护保养等方面也存在诸多问题。这也是目前制约物料提升机进一步发展的难题。

近年来，随着建筑业在国民经济中所占比例的不断提高，市场对建筑机械，包括物料提升机的需求量越来越大，对物料提升机的可靠性、安全性和生产效率等提出了更高的要求。物料提升机未来的发展方向应是：

（1）实现设计制造的标准化、系列化和型谱化。

（2）不断应用新技术。如基于通信技术的楼层与主机的有线或无线对讲技术，基于PLC的自动停层技术，使用摩擦曳引传动代替传统的卷扬机传动等。

（3）进一步完善安全装置，以提高运行的安全性和可靠性。

（4）架体安装的规范化等。

第二节　物料提升机的类型

物料提升机的分类方法较多，且不统一，一般可按以下几种方法分类：

一、按架体结构分类

根据物料提升机架体结构形式不同可分龙门架物料提升机和井架物料提升机两大类。

（1）龙门架物料提升机

龙门架物料提升机简称龙门架，可配用较大的吊笼，适合起重量较大的场合，一般额定起重量为 800 ~ 2 000 kg，但由于其刚度和整体稳定性较差，提升高度一般限制在 30 m 以下。

（2）井架物料提升机

井架物料提升机简称井架，其安装拆卸较龙门架更为方便，配以附墙装置，可在 150 m 高度以下场合使用，但受结构强度和吊笼空间的限制，仅适用于较小起重量的场合，额定起重量一般在 1 000 kg 以下。

二、按吊篮分类

物料提升机按吊篮分类可以从两个方面来分，即按吊篮的数量和吊篮相对架体的位置不同来分类。

（1）按吊篮数量分类

分别有单吊篮物料提升机和双吊篮龙门物料提升机。

1）单吊篮物料提升机。由两根立柱和一根横梁（天梁）组成架体，一个吊篮在两根立柱间上下运行，如图 3—2a 所示；单吊篮井架物料提升机一个吊篮位于井架的内部或外侧上下运行，如图 3—2b 所示。

2）双吊篮龙门物料提升机。由三根立柱和两根横梁组成架体，两个吊篮分别在立柱和横梁组成的两个门形的空间中上下运行，如图 3—3a 所示；双吊篮井架物料提升机，两个吊篮分别位于井架的两侧上下运行，如图 3—3b 所示。

（2）按吊篮位置分类

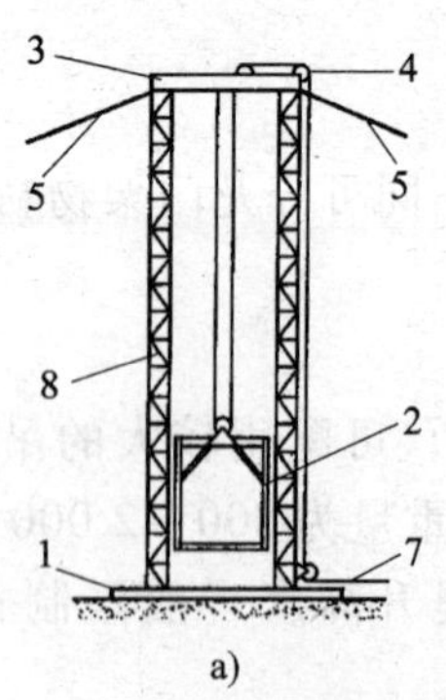

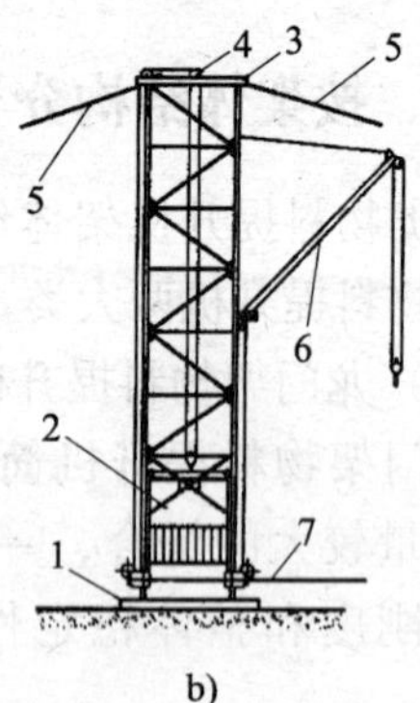

图 3—2　单吊篮物料提升机

a）单吊篮龙门架物料提升机　b）单吊篮井架物料提升机

1—基础　2—吊篮　3—天梁　4—滑轮　5—缆风绳

6—摇臂拨杆　7—卷扬机　8—立柱

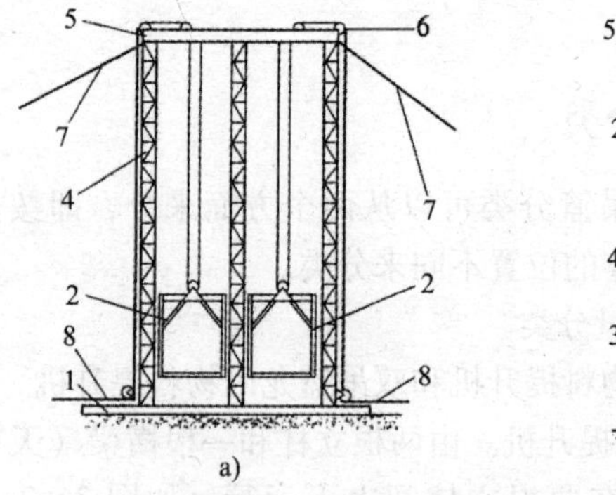

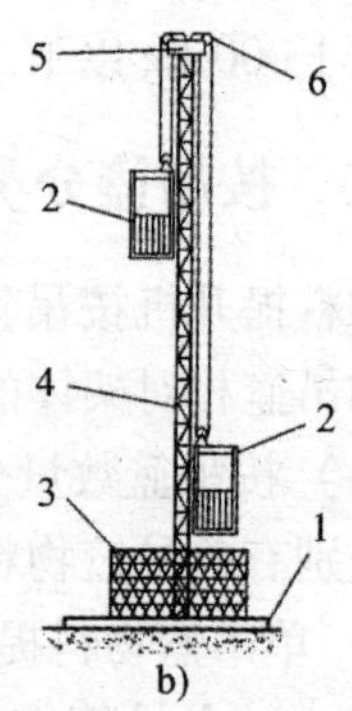

图 3—3　双吊篮龙门物料提升机

a）双吊篮龙门架物料提升机　b）双吊篮井架物料提升机

1—基础　2—吊篮　3—防护围栏　4—立柱

5—天梁　6—滑轮　7—缆风绳　8—卷扬机跑绳

对井架物料提升机按吊篮位置不同可以分为吊篮内置式和吊篮外置式物料提升机。

1）内置式。架体有较大的截面供吊篮升降，吊篮位于架体内部，如图 3—2b 所示。吊篮内置式架体受力均衡，受力状况好，因此具有较好的刚度和稳定性。但由于吊篮位于井架内部，进出料受缀条的阻挡，一般需要拆除一些缀条，此时。各层面在与通道连接的开口处都要进行局部加固。

2）外置式。吊篮位于架体的外侧，如图 3—3b 所示，物料进出比较方便，且能发挥更高的效率，但与内置式相比，架体受力状况差，刚度和稳定性较低，而且装拆比较复杂，运行中架体受较大的偏心载荷，因此，对井架架体的材料、结构和安装均有较高的要求，一般可参考升降机的形式，将架体做成标准节，这样既便于安装又可以提高连接强度。

三、按提升高度分类

按《龙门架及井架物料提升机安全技术规范》（JGJ 88—2010）规定，把提升高度 30 m 以下（含 30 m）的物料提升机作为低架物料提升机，提升高度在 31 ~ 150 m 作为高架物料提升机。

低、高架物料提升机在设计制造、基础、安装和安全装置等方面均有不同的要求。低架物料提升机用于多层建筑，高架物料提升机可用于高层建筑，但由于物料提升机不能载人，而高层施工现场，需要解决人员上下问题，故一般 80 m 以上的高层建筑物施工不使用物料提升机，而用施工升降机。

四、按提升机构驱动原理分类

传统的物料提升机均采用地面卷扬机驱动牵引的方式，近年来，随着摩擦曳引技术的应用，出现了使用摩擦曳引驱动的新型物料提升机。摩擦曳引技术在安全、节能方面具有不可替代的优势。图 3—4 是采用摩擦曳引传动的物料提升机，其基本原理是：用 3 ~ 4 根钢丝绳两端分别挂有吊篮和对重块，用曳引轮的摩擦力驱动，其动力消耗为同样起重量的卷扬机牵引方式的一半。

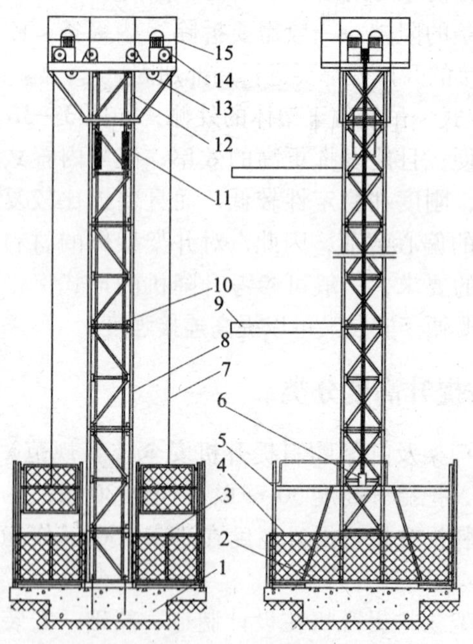

图 3—4　曳引传动物料提升机

1—基础　2—底座　3—围栏门　4—围栏　5—吊篮　6—防坠装置
7—钢丝绳　8—标准节　9—附墙　10—对重导轨　11—对重块
12—自升平台　13—定滑轮　14—曳引机　15—栏杆

第三节　物料提升机的构造及组成

物料提升机一般由钢结构、动力和传动装置、电气控制系统、安全装置和辅助部件五大部分组成。龙门架物料提升机和井架物料提升机具有不同的构造特点。

一、龙门架物料提升机的构造及组成

1. 龙门架物料提升机的构造

图 3—5 所示为龙门架物料提升机的构造简图。

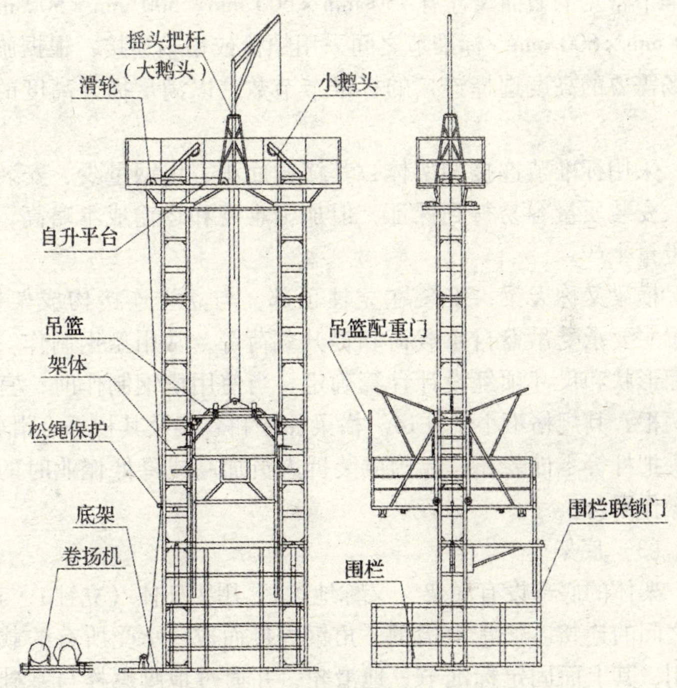

图 3—5　龙门架物料提升机构造图

2. 龙门架物料提升机的钢结构

（1）钢结构

龙门架的钢结构主要由架体（包括横梁）、底架、吊篮、导轨等组成。

（2）架体

包括立柱和天梁两部分，是承载起升载荷和保持整体稳定性的重要结构件。

龙门架的立柱截面形状可以是矩形、正方形或三角形，截面的大小根据载荷的大小经设计计算确定。一般采用角钢或钢管制作成可拼装的杆件，在施工现场以螺栓或销轴连接成一体。目前常采用焊接的格构式标准节，每个标准节长度为1.5～4 m，标准节常见的截面尺寸有450 mm×600 mm、500 mm×500 mm、600 mm×600 mm。标准节之间采用螺栓或销轴连接，根据施工现场需要的高度选择连接的标准节节数，以满足提升高度的需要。

采用标准节连接的架体，其横截面小、用钢量少、安装方便，安装质量容易得到保证，但加工难度和运输成本略高，适合批量生产。

横梁又称天梁，安装在立柱顶部，与立柱连接构成架体。横梁主要承受吊篮自重载荷和提升载荷等，常用型钢制作，其截面形状和尺寸须经设计计算确定。当使用槽钢制作时，宜使用两根，其规格不小于［14。横梁往往和套架及其栏杆、滑轮、摇头把杆等零件装在一起构成装拆人员加高或降低作业时的自升操作平台。

（3）底架

架体的底部设有底架（又称地梁），用于架体（立柱）与基础之间的连接。通常由槽钢、角钢焊接而成，承受所有的载荷作用，其上面固定标准节、地滑轮，并通过地脚螺栓与基础连接成一体。

（4）吊篮

吊篮也称吊笼，是用型钢焊接而成，用来装载物品。吊篮由横梁、侧柱、底板、两侧挡板（围网）、斜拉杆和进出料安全门等组成。吊篮底部一般要再铺一层50 mm厚的木板或焊有防滑钢板作底板。吊篮两侧有防护网，前、后有安全门，安全门以及两侧围挡一般用钢网片或钢栅栏制成，高度不小于1 m，以防止散落的物料或载货小车滑落。对高架提升机，还需要在顶部设置防护顶棚。吊篮上装有停靠装置和防坠保险装置。吊篮进料门一般为机械自落式，吊篮下降到底层时自动打开，吊篮上升时自动关闭，无须人工操作，安全实用。吊篮出料门一般为对重式，需人工开启和关闭。有的安全门在吊篮运行至高处停靠时，还具有高处临边作业的防护作用。

（5）导靴

导靴是安装在吊篮上沿导轨运行的装置，可防止吊篮在运行过程中偏斜和摆动，其形式有滚轮导靴和滑动导靴。具有下列情况之一的应采用滚轮导靴：

①采用摩擦式卷扬机为动力的提升机。

②架体的立柱兼做导轨的提升机。

③高架提升机。

（6）导轨

导轨是为吊篮上下运动提供导向的部件。

龙门架物料提升机的导轨有单滑道和双滑道两种。单滑道即左右各有一条滑道，对称设置于架体两侧；双滑道一般用于龙门架上，左右各设置两条滑道，并间隔相当于立柱单肢间距的宽度，可减少吊篮运行中的晃动。

（7）摇头把杆

又称安装吊杆，是用来装拆导轨架、标准节的专用设备，通常安装在自升平台上，进行高空作业，因此要求：

1）安装吊杆钢丝绳直径不应小于6 mm，安全系数不应小于8。

2）安装吊杆的额定起重量不应小于标准节自重的1.25倍；额定提升速度不宜大于10 m/min。

3）应采用按钮开关操作，上升和下降按钮应互锁且是自动复位型；停止按钮开关应为非自动复位型，随时可切断总电源。

4）安装吊杆应有回转锁定措施，可定位吊装标准节。

5）安装吊杆应采用有自锁功能的蜗轮蜗杆减速器，或采取保证标准节悬吊停止在任一高度不会因自重自行下滑的措施。

3. 电动卷扬机

电动卷扬机是物料提升机的动力装置。按现行国家标准，建筑卷扬机分为慢速（M）、中速（Z）和快速（K）三个系列，建筑施工物料提升机配套的卷扬机常为快速系列，卷扬机钢丝绳的线速度或曳引机的节径线速度一般为 30 ~ 40 m/min，钢丝绳端的牵引力一般在 2 000 kg 以下。

低架物料提升机一般采用可逆式卷扬机，也可采用摩擦式卷扬机，但高架物料提升机不得使用摩擦式卷扬机。卷扬机应配有防钢丝绳脱槽装置，卷筒直径不得小于钢丝绳直径的 30 倍。当吊篮在底部时，卷筒上至少留有 3 圈钢丝绳。卷筒的凸缘至最外层钢丝绳的距离不应小于钢丝绳直径的 2 倍。

物料提升机应配备常闭式瓦块制动器，以保证吊装工作的安全性。

4. 电气控制系统

物料提升机的电气控制系统包括电气控制箱、电气元件、电缆电线以及保护系统四个部分。

5. 安全装置与辅助部件

物料提升机的安全装置主要包括安全停靠装置，断绳保护装置，上、下极限限位器，急停开关，缓冲器，超载限制器，信号装置和通信装置等。

物料提升机的辅助部件包括附墙架、地锚和缆风绳等。

二、井架物料提升机的构造及组成

井架物料提升机与龙门架物料提升机相比，主要区别在于钢结构不同，二者的动力装置、电气控制系统、安全与辅助部件大体相同，以下主要介绍井架物料提升机的钢结构。

井架物料提升机的钢结构主要由架体、吊篮、摇臂把杆等组成。

1. 架体

由立柱角钢、底架、天梁、横杆、斜杆、导轨和顶架等部分组成。主要用于承载起升载荷和保持整体稳定性以及对吊篮运行起稳定和导向作用。

底架是由底梁、夹板组成的一个矩形框体，并与底节立柱角钢刚性连接，四角用压板固定于基础上。在立柱角钢上通过翼板连接斜撑杆和横撑杆组成一个框架结构体，然后往上加高至需要的高度，再装上顶架即构成架体。顶架由天梁及其托架组成，采用槽钢制作，天梁上安装两只滑轮。架体内侧装有四根导轨，它们一方面作为吊篮运行的导向装置，另一方面又对顶架起到支撑作用。图 3—6 是井架物料提升机架体的结构简图。

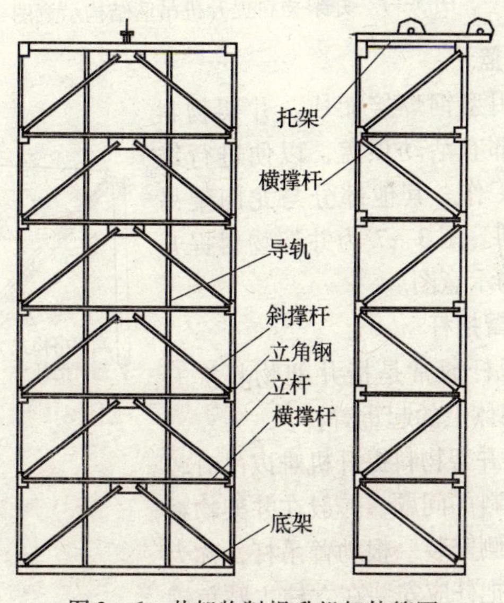

图 3—6 井架物料提升机架体简图

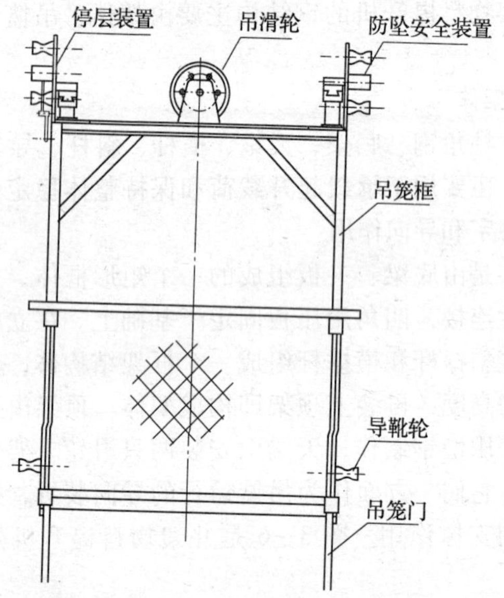

图 3—7　井架物料提升机吊篮结构示意图

2. 吊篮

吊篮用型钢焊接而成。井架物料提升机顶部有活动顶盖，以便进行维修和架设工作。其他部分与龙门架吊篮基本相同。图 3—7 为井架物料提升机吊篮结构示意图。

3. 摇臂把杆

摇臂把杆通常是指井架物料提升机附设在架体上的起重臂杆。

为解决井架物料提升机难以吊升较长、较宽物料的问题，一般在井架物料提升机的一侧安装一根动臂吊杆，称为摇臂把杆。把杆应安装在立柱主肢角钢和水平横杆交接处，如图 3—8 所示。

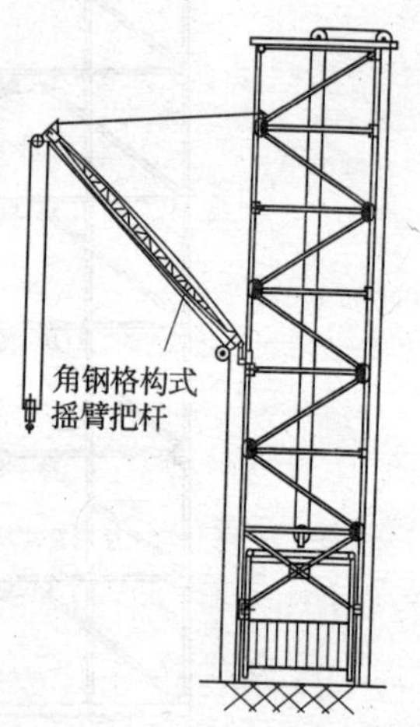

图 3—8　摇臂把杆示意图

摇臂把杆具有独立的提升装置，把杆底部装有铰轴，由人工拉动溜绳操作转向定位，构成简易的动臂回转起重机构。

摇臂把杆的额定起重量不应超过 600 kg，把杆长度不超过 6 m。把杆可用外径不小于 121 mm 的无缝钢管制作，也可用角钢焊接成格构式结构，其断面尺寸不得小于 240 mm × 240 mm，单肢角钢不小于∟ 30 × 4。

第四节　物料提升机的提升机构

物料提升机的提升系统根据驱动原理不同，分为卷扬机驱动和曳引机驱动两种类型，前者由卷扬机、滑轮（车）、钢丝绳、吊篮或吊钩等组成，后者由曳引机、摩擦驱动轮、导向滑轮、钢丝绳、吊篮和对重块等组成。

图 3—9 是采用可逆卷扬机驱动的物料提升机提升系统原理图，它由安装在地面的卷扬机上的卷筒驱动卷绕钢丝绳，钢丝绳绕过导向滑轮和安装在吊篮顶部的动滑轮后固定在天梁上，通过卷筒收卷钢丝绳产生牵引力实现吊篮的提升运动，当卷筒反转放出钢丝绳时，吊篮靠重力作用下降。

图 3—10 是物料提升机摇臂把杆提升系统原理图，其工作原理与提升系统相同。

物料提升机的卷扬机一般安装在距架体一定距离的地面基础上，特殊情况下，也可安装在架体底部。

图 3—11 是曳引式卷扬机物料提升系统原理图。它依靠摩擦驱动轮 7 与钢丝绳间的摩擦力产生牵引力。这种提升系统，即使在空载状态下也应保持钢丝绳张紧，只有这样才能保证摩擦轮和钢丝绳之间有足够的摩擦力。因此，曳引机一般直接装设在架体的底部，在提升系统中，除吊篮外，还配备了对重块

2，以保持钢丝绳张力的平衡。工作时，吊篮上升，对重块下降，而当吊篮下降时，对重块则上升。

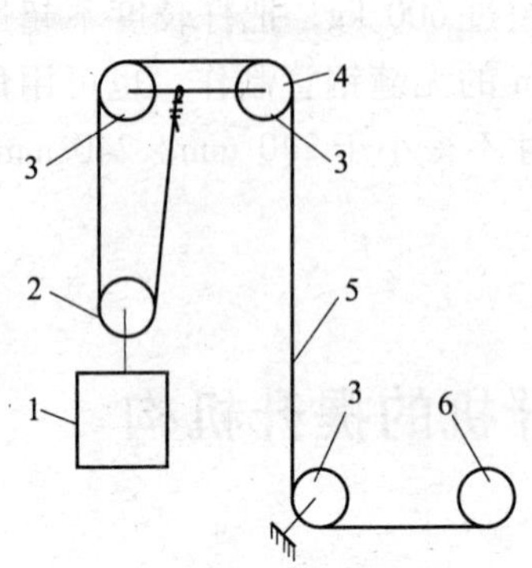

图 3—9　卷扬机驱动物料提升机提升系统原理图

1—吊篮　2—吊篮顶部动滑轮
3—导向滑轮　4—天梁
5—钢丝绳　6—卷筒

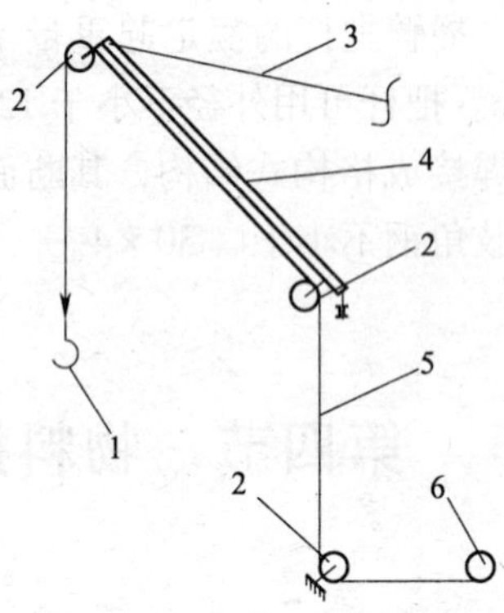

图 3—10　物料提升机摇臂把杆提升系统原理图

1—吊钩　2—导向滑轮
3—把杆缆风绳　4—把杆
5—钢丝绳　6—卷筒

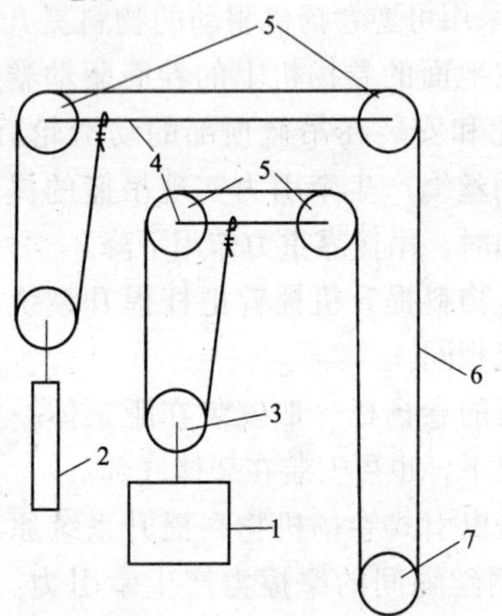

图 3—11　曳引机提升系统原理图

1—吊篮　2—对重块　3—吊篮顶部滑轮　4—天梁
5—导向滑轮　6—钢丝绳　7—摩擦驱动轮

第五节　物料提升机的安全装置与防护设施

要保证物料提升机安全可靠地工作，还应在物料提升机上装设安全装置和设置防护设施。提升机的安全装置主要包括：安全停靠装置、断绳保护装置、上极限限位器、下极限限位器、急停开关、缓冲器、超载限制器、信号装置和通信联络装置等。防护设施有：底层围栏和安全门、楼层通道口安全门、上料口防护棚、警示标志以及电气防护等。

一、安全装置

一般低架提升机应设置安全停靠装置、断绳保护装置、上极限限位器、急停开关、通信联络装置等；高架提升机除应设置低架提升机应设置的安全装置外，还应设置下极限限位器、缓冲器、超载限制器、通信联络装置。

1. 安全停靠装置

安全停靠装置的主要作用是当吊篮到达楼层停位停止时，打开出料门后，使吊篮可靠地悬挂在架体上，即使钢丝绳突然断裂，吊篮也不会坠落，从而保证作业人员的安全，避免事故的发生。安全装置能够使吊篮可靠定位，并能承受吊篮自重、额定起升载荷、装卸物料作业人员的重量以及装卸作业时的工作载荷，安全装置生效时，提升钢丝绳不应受力。安全停靠装置类型较多，形式各异，有手动机械式、弹簧自动式和电磁联动式等，挂靠吊篮的部件可以是吊钩、楔块，也可以是弹闸、销轴。不论采用何种形式，都必须保证吊篮停靠时与架体可靠连接。

（1）插销式楼层安全停靠装置

图 3—12 是一吊篮内置式井架物料提升机插销式楼层停靠装置示意图，该装置主要由安装在吊篮两侧上部对角线上的悬挂插销、连杆、转动臂、出料门碰撞块以及安装在井架架体两侧的三角形悬挂支架等组成。其原理是：当吊篮在某一楼层停靠，打开吊篮出料门时，出料门上的碰撞块推动停靠装置的转动臂，并通过连杆使插销伸出，使吊篮悬挂在井架架体上的三角形悬挂支撑架上。当出料门关闭时，连杆驱动插销缩回，从三角形悬挂支撑架上脱离，吊篮可以正常升降工作。插销式停靠装置也可不与出料门联动，而在靠出料门一侧，设置操作把手，在人上吊篮前，拨动把手，通过把手推动连杆，使插销伸出挂在架体上。作业结束，人员撤出后，再扳动把手复位，插销缩回。

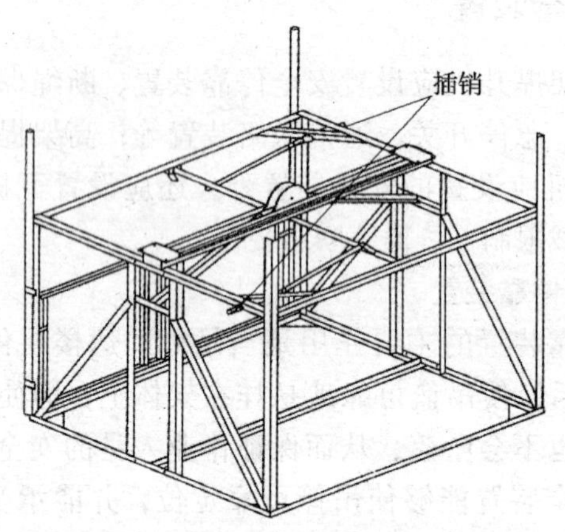

图 3—12　插销式楼层停靠装置示意图

使用插销式楼层停靠装置时应注意：吊篮停靠时，必须将出料门完全打开，才能保证停靠装置插销完全伸出使吊篮与架体可靠连接；同样，吊篮升降前，必须将出料门完全关闭后插销才能完全缩进。

(2) 牵引式楼层安全停靠装置

这种停靠装置是利用断绳保护装置作为安全停靠装置的，

如图 3—13 所示。当吊篮出料门 8 打开时，出料门上的碰撞块 7 推动停靠装置的转动臂 6 并通过断绳保护装置的滚轮悬挂板上的拉索 3 牵引带动楔块 4 夹紧在导轨 2 上，从而防止吊篮坠落。其特点是不需要在架体上安装专门的停靠支架，缺点是当吊篮的联锁门开启不到位或拉索断裂时，容易造成安全停靠装置失效，使用时应注意检查。

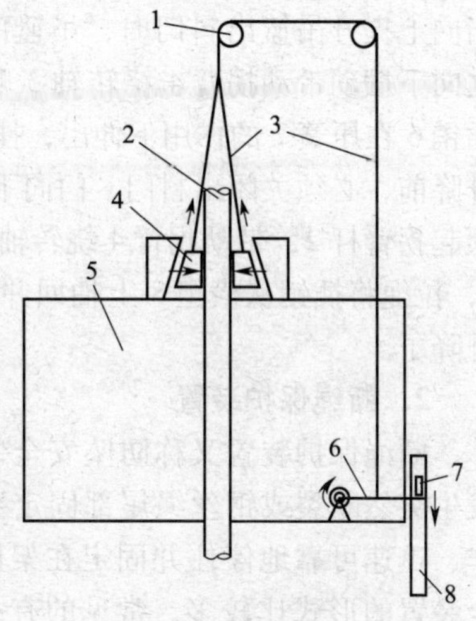

图 3—13　牵引式楼层安全停靠装置原理图

1—导向滑轮　2—导轨　3—拉索　4—楔块　5—吊篮　6—转动臂　7—碰撞块　8—出料门

（3）联锁式楼层安全停靠装置

图 3—14 为联锁式楼层安全停靠装置原理示意图。当吊篮到达指定楼层，作业人员进入吊篮之前，上下推拉出料门。

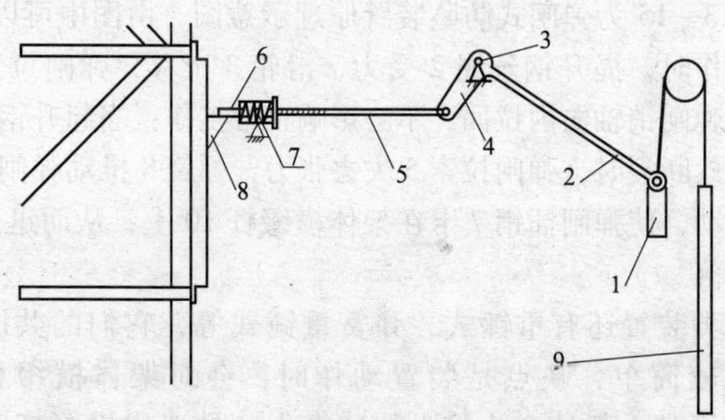

图 3—14　联锁式楼层安全停靠装置原理图

1—吊篮门平衡重　2—拐臂杆　3—转轴　4—拐臂　5—拉绳　6—插销　7—压簧　8—横担　9—吊篮门

当向上提升吊篮出料门时，吊篮门平衡重 1 下降，拐臂杆 2 随之向下摆动带动拐臂 4 绕转轴 3 顺时针旋转，随之放松拉绳 5，插销 6 在压簧 7 的作用下伸出，挂靠在架体停靠横担 8 上。吊篮升降前，必须关闭出料门，门向下运动，吊篮门平衡重 1 上升，顶起拐臂杆 2，带动拐臂 4 绕转轴 3 逆时针旋转，随之拉紧拉绳 5，拉绳将插销从横担 8 上抽回并压缩压簧 7，吊篮便可以自由升降了。

2. 断绳保护装置

断绳保护装置又称防坠安全装置。其作用是当提升钢丝绳发生突然断裂或钢丝绳尾部固定突然松脱时，该装置能立即动作，迅速可靠地停住并固定在架体上，阻止吊篮坠落。防坠安全装置的形式比较多，常见的有：弹闸式防坠装置、夹钳式断绳保护装置、拨杆楔形断绳保护装置、旋撑制动保护装置、惯性楔块断绳保护装置等。

《龙门架及井架物料提升机安全技术规范》（JGJ 88—2010）规定，无论采用哪种防坠保护装置，都必须在发生断绳或钢丝绳尾部松脱时，能制停带有额定起重量的吊篮。

（1）弹闸式防坠装置

图 3—15 为弹闸式防坠装置原理示意图，由图中可以看出：正常工作时，提升钢丝绳 2 受力，滑轮 3 上移，弹闸拉索 5 张紧，将弹闸销轴向内拉回，不会影响正常工作；当起升钢丝绳 2 发生突然断裂时，弹闸拉索 5 失去张力，弹簧 8 推动弹闸插销 7 向外移动，使弹闸插销 7 卡在架体横缀杆 10 上，从而迅速阻止吊篮坠落。

此类装置还有重锤式、弹簧重锤式等，它们的共同点是装置比较简单，缺点是装置动作时，会对架体横缀杆、吊篮，乃至整个架体产生较大的冲击力，易造成横缀杆和吊篮损伤。

（2）夹钳式断绳保护装置

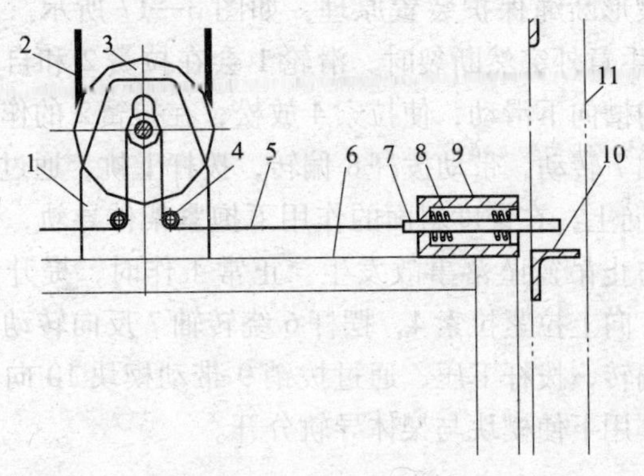

图 3—15　弹闸式防坠装置

1—滑轮夹板　2—起升钢丝绳　3—滑轮　4—拉索导向轮　5—弹闸拉索　6—吊篮　7—弹闸插销　8—弹簧　9—导向套　10—架体横缀杆　11—导轨

图 3—16 为夹钳式断绳保护装置原理示意图。其工作原理是：正常工作时，平衡梁 3 在吊篮两侧长孔耳板内向上移动并通过拉环 7 使防坠装置的弹簧 5 受到压缩，同时，拉索 6 拉动连杆 11，通过连杆 11 使制动钳 8 呈松开状态。当提升钢丝绳 2 突然断裂，吊篮处于坠落状态时，平衡梁 3 在自重作用下沿吊篮两端长孔耳板下移，此时，受压的弹簧 5 伸长并通过连杆 11 推动制动钳 8 旋转迅速夹紧在导轨 10 上，从而避免吊篮坠落。

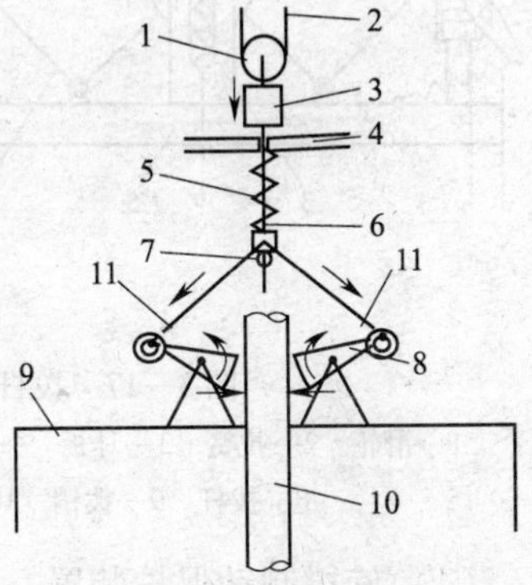

图 3—16　夹钳式断绳保护装置原理示意图

1—滑轮　2—提升钢丝绳　3—平衡梁　4　防坠器架体（与吊篮刚性连接）　5—弹簧　6—拉索　7—拉环　8—制动钳　9—吊篮　10—导轨　11—连杆

（3）拨杆楔形断绳保护装置

拨杆楔形断绳保护装置原理，如图 3—17 所示。当提升钢丝绳 11 发生意外突然断裂时，滑轮 1 会在拉簧 2 和自重作用下沿耳板 3 的槽向下滑动，使拉索 4 放松，在拉簧 2 的作用下，摆杆 6 绕转轴 7 转动，带动拨杆 8 偏转，拨杆上挑，通过拨销 9 带动楔块 10 向上，在锥度斜面的作用下抱紧架体导轨，使吊篮迅速制动，防止吊篮坠落事故发生。正常工作时，提升钢丝绳受力使滑轮 1 向上拉紧拉索 4，摆杆 6 绕转轴 7 反向转动，带动拨杆 8 反向偏转，拨杆下压，通过拨销 9 带动楔块 10 向下，在锥度斜面的作用下使楔块与架体导轨分开。

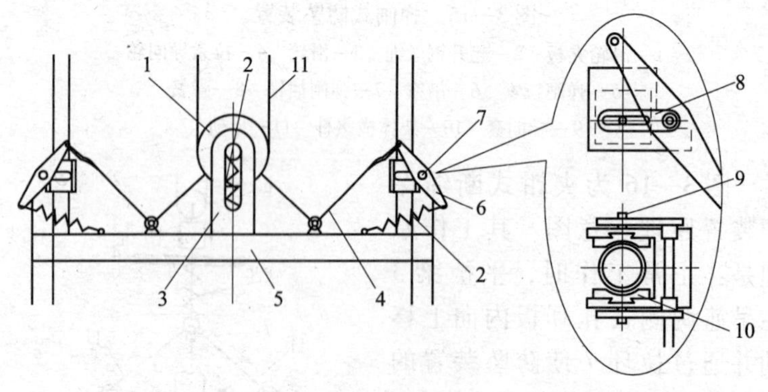

图 3—17　拨杆楔形断绳保护装置

1—滑轮　2—拉簧　3—耳板　4—拉索　5—吊篮　6—摆杆　7—转轴　8—拨杆　9—拨销　10—楔块　11—提升钢丝绳

（4）旋撑制动保护装置

旋撑制动保护装置原理，如图 3—18 所示。其工作原理是：当发生突然断绳的故障时，拉索 4 松弛，弹簧 8 拉动拨叉 2 旋转，提起撑杆 7，带动位于导轨两侧的摩擦块 9 向上并夹紧导轨，从而使固连于吊篮顶部的浮动支座停止下滑，也就阻止了吊篮的坠落。

3. 限位装置

限位装置是为防止操作人员误操作或电气故障造成吊篮上升或下降时失控发生意外事故而设置的电气限位开关。

（1）上极限限位器

上极限限位器应安装在吊篮允许提升的最高工作位置。极限位置应保证吊篮的最高位置与天梁最低处的距离不小于3 m，此距离称为吊篮的越程。一旦吊篮达到极限位置，提升系统即自动切断电源（对可逆卷扬机），不能再继续上升。

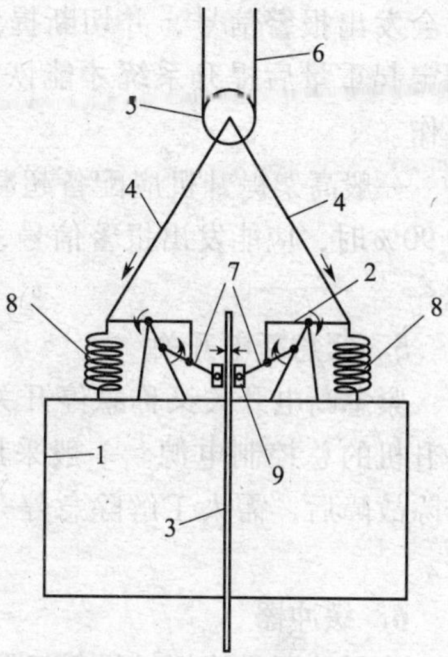

限位器一般由可自动复位的行程开关和撞铁组成；或在卷扬机卷筒轴端设置限位开关。

图3—18　旋撑制动保护装置
1—吊篮　2—拨叉　3—导轨　4—拉索
5—提升动滑轮　6—提升钢丝绳　7—撑杆
8—弹簧　9—摩擦块

（2）下极限限位器

下极限限位器应安装在吊篮允许下放的最低位置，极限位置应满足吊篮在碰到缓冲器之前动作，即自动切断电源，使吊篮停止下降。

下极限限位器也由自动复位行程开关和撞铁组成。一般只有高架提升机才设置缓冲器和下极限限位器。

4. 超载限制器

超载限制器又称起重量限制器。在正常工作情况下，提升机不允许超载运行，为保证提升机安全工作，提升机提升系统应设置超载限制器。超载限制器种类较多，常见的有机械式和电控式两种。装有超载限制器的提升系统，一旦发生超载，就会发出报警信号，并切断提升系统电源，只有在卸载达到额定起重量后提升系统才能恢复工作，从而确保提升机安全工作。

一般高架提升机应配备超载限制器。当载荷达到额定载荷的90%时，应能发出报警信号，超过额定载荷时，应能切断电源。

5. 紧急断电开关

紧急断电开关又称急停开关，用于在紧急情况下及时切断提升机的总控制电源。一般采用非自动复位的红色按钮开关。排除故障后，需人工解除急停开关状态，避免误动作，确保安全。

6. 缓冲器

为缓冲因吊篮超过最低极限位置或发生意外下坠时产生的冲击载荷，高架提升机应在架体的底坑里设置缓冲器。一般采用橡胶缓冲器或弹簧缓冲器。缓冲器选择的依据是满足提升机以额定载荷和速度作用其上时，缓冲器能够承受并吸收其所产生的冲击载荷。

7. 信号通信装置

(1) 信号装置

信号装置是一种由司机控制的音响或灯光显示装置，目的是使各层装卸物料的人员能够清晰地听见或看到。常见的是装在架体上或吊篮上的警铃或蜂鸣器。提升机司机可通过操作声光信号装置通知有关人员吊篮的运行情况。

(2) 通信联络装置

当司机看不清作业及指挥人员信号时，必须加装通信装置。通信装置必须是一个闭环的双向电气通信系统，司机应能听到每一站的联系，并能向每一站讲话。目前，一般采用在楼层上装设呼叫按钮，由装卸人员使用，司机可以清楚地听见使用者的要求，并通过音响装置给予回复。

二、防护设施

防护设施主要是指底层围栏及安全门、楼层通道口安全门、吊篮安全门、上料口防护棚以及警示标志等。

1. 底层围栏及安全门

为防止闲杂人员进入物料提升机作业区，或散落物坠落伤人，应在提升机底层设置不低于 1.5 m 高的围栏，并在进料口设置安全门。

2. 楼层通道口安全门

为防止施工作业人员进入运料通道时不慎坠落，宜在每层楼通道口设置常闭式的安全门或栏杆，只有在吊篮运行到位时才能打开。一般采用联锁装置的形式，门或栏杆的强度应能承受 1 kN 的水平载荷。

3. 上料口防护棚

物料提升机上料口是运料人员经常出入和停留的地方，吊篮在运行过程中可能发生坠物，为防止发生坠物伤人事故，应在地面进料口搭设防护棚。防护棚的搭设应符合规范要求。

4. 吊篮安全门

吊篮的上料口应设置安全门。安全门宜采用联锁开启装置，升降运行时，安全门封闭吊篮的上料口，防止物料从吊篮中滚落。

5. 警示标志

龙门架及井架物料提升机严禁人员搭乘升降，因此，应在物料提升机的进料口悬挂禁止乘人标志，如图 3—19 所示。同时，还应悬挂限载警示标志。

图 3—19　禁止乘人标志

三、电气防护

物料提升机的用电及电气安装必须符合国家有关规定，如《施工现场临时用电安全技术规范》（JGJ 46—2005）、《电气装置安装工程施工及验收规范》（GB 50254 ~ GB 50255—1996）、《控制电机基本技术要求》GB/T 7345—2008 等。具体应采用以下措施做好电气防护：

1. 应当采用 TN－S 接零保护系统，即工作零线（N 线）与保护零线（PE 线）分开设置的接零保护系统。

2. 提升机的总电源上应当设置短路保护以及漏电保护装置，电动机的主回路上，应同时装设短路、失压、过电流保护装置。

3. 提升机的金属结构及所有电气设备的金属外壳均应接地，其接地电阻不应大于 10 Ω。

4. 工作照明的开关应与主电源开关相互独立，当提升机的主电源切断时，工作照明不应断电，各自的开关应有明显的标志。

5. 处于相邻建筑物、构筑物防雷装置保护范围以外的物料提升机应设置专门的避雷装置。

（1）防雷装置的冲击电阻值不得大于 30 Ω。

（2）接闪器（避雷针）可采用长 1 ~ 2 m、ϕ16 镀锌圆钢。

（3）提升机的金属架体可作为防雷装置的引下线，但必须有可靠的电气连接。

6. 装有防雷接地的物料提升机上的电气设备，所有保护零线（PE 线）必须同时做重复接地。

7. 同一台物料提升机的重复接地和防雷接地可共用同一接地体，但接地电阻应符合重复接地电阻值的要求。

8. 接地体可分为自然接地体和人工接地体两种：

（1）自然接地体是指原已埋入地下并可兼作接地的金属物

体。如原已埋入地下的直接接地的钢筋混凝土基础中的钢筋结构、金属井管和非燃气金属管道等，均可作为自然接地体。利用自然接地体，应保证其电气连接和热稳定。

（2）人工接地体是指人为埋入地下直接与地接触的金属物体。用做人工接地体的金属材料通常可以采用圆钢、钢管、角钢、扁钢以及焊接件，但不得采用螺纹钢和铝材。

第六节　物料提升机的基础与稳定

一、物料提升机的基础

物料提升机的基础主要承受的载荷为提升机自重载荷、额定起升载荷、缆风绳张力以及牵引绳拉力等产生的附加载荷，提升机必须满足所承受载荷的强度和结构要求。一般专业起重机生产厂家生产的物料提升机会在产品说明书中提供安装所需的典型基础方案。当施工现场条件与之相近时，可直接采用。若缺少相关资料，对低架物料提升机，应先清理、夯实、平整基础土层，使其承载能力不低于 80 kPa。对于高架提升机，其基础必须进行设计。地基承载能力不足时，应采取必要的措施，使其满足设计要求。

当地基设置在构筑物上，如在地下室顶板上，层面构筑在梁、板上时，应验算承载构筑物的强度，以保证安全可靠地承受全部载荷。必要时应采取必要的措施对梁、板进行加强。

物料提升机的基础一般应满足以下的基本要求：

（1）设置在地面上的基础应采用整体钢筋混凝土基础，基础内应配置构造钢筋。基础的最小尺寸不得小于底架外轮廓尺寸。

（2）浇注混凝土基础混凝土厚度不小于300 mm，强度不低于C20。

（3）基础表面应平整，水平偏差不大于10 mm。

（4）混凝土基础浇筑前，应按物料提升机的型号规格和底架尺寸设置好固定底架、导向滑轮座以及安装防护栏用的钢制预埋件或地脚螺栓等。预埋件应准确定位，最大水平误差不得大于10 mm，地脚螺栓的规格、数量和材质应符合安装说明书的要求。

（5）物料提升机基础周围应采取排水措施，如在距基础适当距离以外开挖排水沟槽，在无自然排水条件的情况下，可在基础边设置集水井，以便采用抽水设备排水。

（6）设置在地面的卷扬机也应有适当的基础，不论卷扬机前后是否有桩锚或绳索固定，均宜用混凝土或水泥砂浆找平，厚度一般不小于200 mm，混凝土强度不低于C20，水泥砂浆的强度不低于M20。用于固定卷扬机的预埋件和地脚螺栓也应在混凝土浇捣前按要求设置好。

（7）混凝土基础浇筑后应进行必要的养护，在强度达到标准强度的70%后，方可紧固压板螺栓，进行安装作业。

（8）物料提升机基础周围5 m范围内一般不允许开挖沟槽或进行较大振动的施工作业，如无法避免时，应采取保证架体稳定的措施。

二、附墙架

附墙架是保持物料提升机整体稳定的重要构件。当物料提升机安装高度超过最大独立高度后，为保证架体垂直、稳定和安全，必须按JGJ 88—2010《龙门架及井架物料提升机安全技术规范》的要求设置附墙架。

（1）物料提升机附墙架的设置应符合设计要求，其间隔一般不宜大于9 m，且在建筑物的顶层必须设置一组，一般顶部自由端高度不应超过 6 m，如图 3—20 所示。

（2）附墙架与架体及建筑物之间，均应采用刚性杆件连接，并形成稳定结构，不得连接在脚手架上，严禁使用铅丝绑扎。

（3）附墙架的材质应与架体的材质相同，不得使用木杆、竹竿。

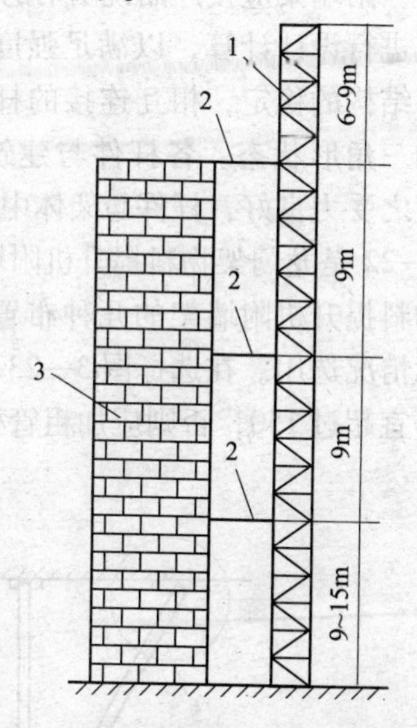

图 3—20　附墙架垂直布置示意图

1—架体　2—附墙杆　3—建筑物

附墙杆常用角钢、钢管等型钢制作。图 3—21 是一种较为规范的附墙杆的结构图，其中前铰杆螺母 5 与前铰杆 6 出厂时不焊，到现场后根据实际情况修剪前铰杆 6 的长度后，再与前铰杆螺母 5 焊接，调节螺杆的长度为 340 mm，初装时按 170 mm 计算其长度，这样每根附墙杆的长度的可调节范围为 ± 150 mm。

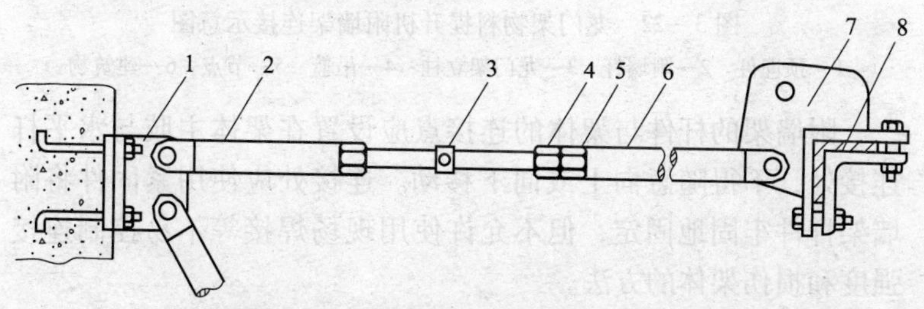

图 3—21　一种较规范的附墙杆结构

1—后铰座　2—后铰杆　3—调节螺杆　4—锁紧螺母

5—前铰杆螺母　6—前铰杆　7—前铰座　8—井架

附墙架应按产品说明书的规定进行设置，缺少相关资料时，应进行设计计算，以满足强度和稳定性要求。为保证附墙架几何结构的稳定，相互连接的杆件数不得少于 3 根，应形成稳定的三角形状态。各杆件与建筑物连接处需有适当的分开距离，使之受力良好，杆件与架体中心线夹角一般控制在 40°左右。图 3—22 是龙门架物料提升机附墙架连接示意图，图 3—23 是井架物料提升机附墙架的几种布置方案的示意图，施工中可根据实际情况选用。在选择图 3—23c 方案三时，应注意长杆的长细比不宜超过 150，否则应加粗管径。

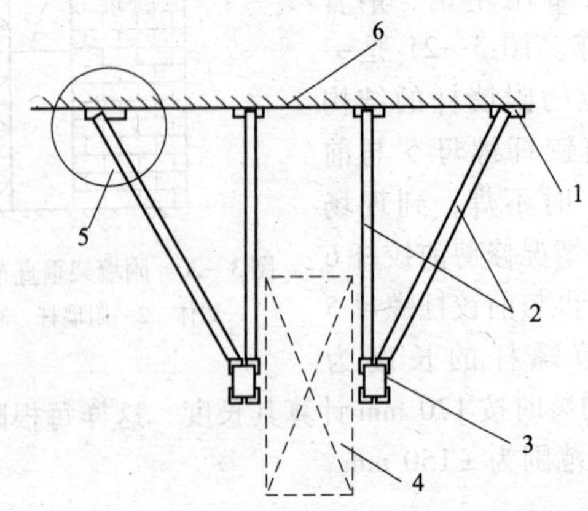

图 3—22　龙门架物料提升机附墙架连接示意图

1—预埋件　2—附墙杆　3—龙门架立柱　4—吊篮　5—节点　6—建筑物

附墙架的杆件与架体的连接点应设置在架体主肢与水平杆连接处，不得随意向上或向下移动。连接处应使用紧固件将附墙架杆件牢固地固定，但不允许使用现场焊接等不易控制连接强度和损伤架体的方法。

附墙架杆件与建筑物的连接应采用预埋件、穿墙螺栓或穿墙管件等方式。附墙架杆件与建筑物连接点的构造如图 3—24 所示。

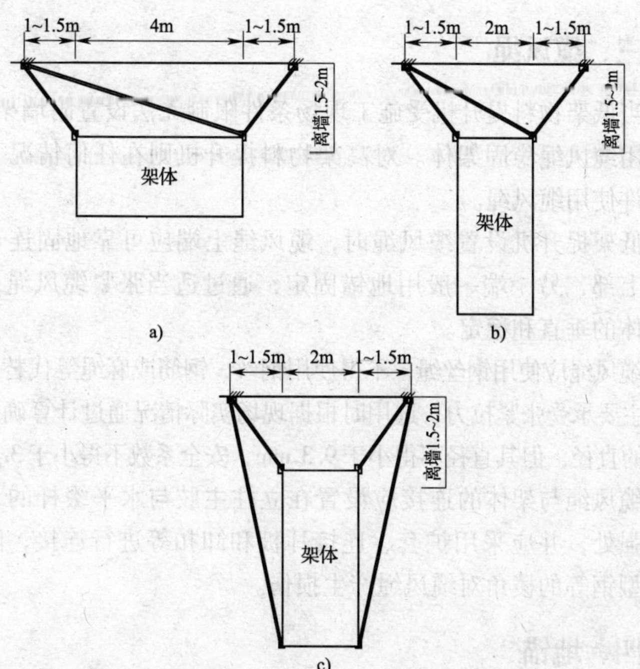

图 3—23　井架物料提升机附墙架几种布置方案

a）方案一（推荐优选方案）　b）方案二　c）方案三

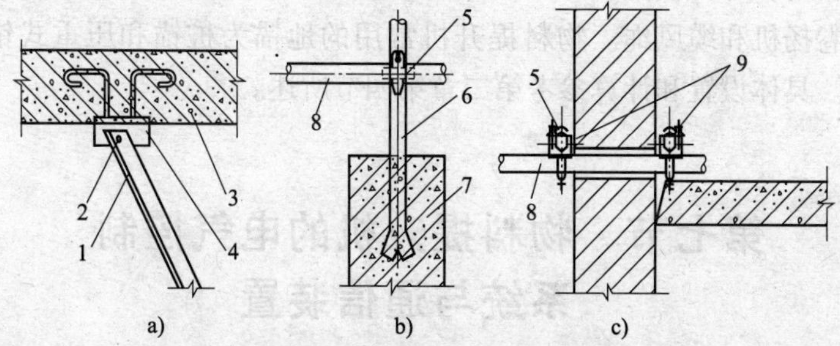

图 3—24　附墙架节点的几种做法

a）型钢与预埋件螺栓连接　b）钢管与预埋钢管连接

c）架体钢管深入墙内用横管夹住墙体

1—建筑物圈梁　2—连接螺栓　3—建筑物圈梁　4—预埋件　5—扣件

6—预埋短管　7—钢筋混凝土梁　8—附墙杆架　9—横管

三、缆风绳

当低架物料提升机受施工现场条件限制无法设置附墙架时，应采用缆风绳稳固架体。对高架物料提升机则在任何情况下都不允许使用缆风绳。

低架提升机设置缆风绳时，缆风绳上端应可靠地固连于架体的上部，另一端一般用地锚固定，通过适当张紧缆风绳，保持架体的垂直和稳定。

缆风绳应使用钢丝绳，不得使用钢丝、钢筋或麻绳等代替。缆风绳主要承受张紧拉力，选用时根据现场实际情况通过计算确定钢丝绳的直径，但其直径不得小于9.3 mm，安全系数不得小于3.5。

缆风绳与架体的连接应设置在立柱主肢与水平缀杆的节点等加强处，并应采用护套、连接耳板和卸扣等进行连接，防止架体型钢等的棱角对缆风绳产生损伤。

四、地锚

地锚主要用于固定卷扬机和缆风绳。在安装和使用物料提升机时，不得使用树木、电线杆、脚手架和堆放的材料等来固定卷扬机和缆风绳。物料提升机常用的地锚为桩锚和压重式锚点。具体设置和计算参考第二章第四节所述。

第七节　物料提升机的电气控制系统与通信装置

一、物料提升机的电气控制系统

物料提升机的电气控制系统由主电路和控制电路组成，其典型电气原理如图3—25所示。图3—25中电气符号及名称见表3—1。

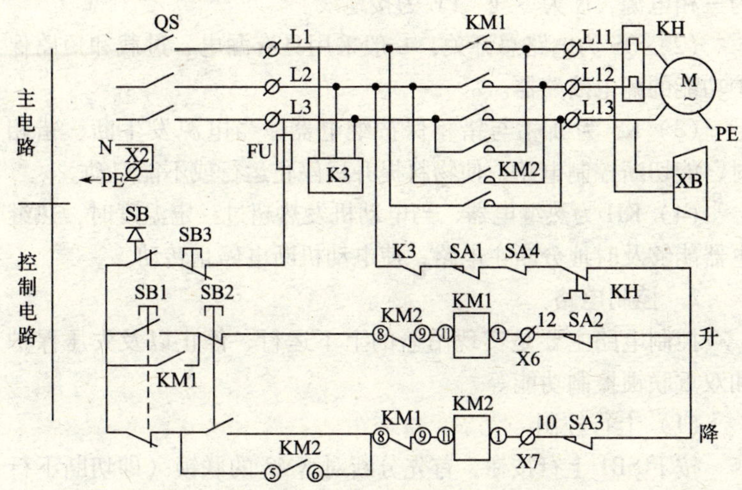

图3—25　物料提升机典型电气控制系统原理图

表3—1　　　物料提升机电气元件符号及名称

序号	符号	名称	序号	符号	名称
1	SB	紧急断电开关	9	FU	熔断器
2	SB1	上行按钮	10	XB	制动器
3	SB2	下行按钮	11	M	电动机
4	SB3	停止按钮	12	SA1	超载保护装置
5	K3	相序保护器	13	SA2	上限位开关
6	KH	热继电器	14	SA3	下限位开关
7	KM1	上行交流继电器	15	SA4	门限位开关
8	KM2	下行交流继电器	16	QS	电路总开关

1. 主电路

为电动机供电，提供吊篮运行的动力。

（1）物料提升机采用380 V、50 Hz三相交流电源。由工地配备专用开关箱，接入物料提升机的电气控制箱，L1、L2、L3为三相电源，N为零线，PE为接地线。

（2）QS为电路总开关，一般采用具有漏电、过载和短路保护功能的漏电断路器。

（3）K3为断相与错相保护继电器，当电源发生断、错相时，能切断控制电路，使物料提升机停止运行或不能启动。

（4）KH为热继电器，当电动机发热超过一定温度时，热继电器能够及时地分断主电路，使电动机断电停止转动。

2. 控制电路

控制电路主要是实现吊篮的上下运行、停止以及失压保护和双重联锁控制功能等。

（1）上行控制

按下SB1上行按钮，首先分断对KM2的联锁（即切断下行控制电路）；KM1线圈通电，KM1主触头闭合，电动机启动，吊篮上行。同时，KM1自锁触头闭合自锁，KM1联锁触头分断KM2联锁（切断下行控制电路）。

（2）下行控制

按下SB2下行按钮，首先分断对KM1的联锁（即切断上行控制电路）；KM2线圈通电，KM2主触头闭合，电动机启动反转，吊篮下行。同时，KM2自锁触头闭合自锁，KM2联锁触头分断KM1联锁（切断上行控制电路）。

（3）停止

按下SB3停止按钮，整个控制电路断电，主触头分断，升降电动机断电停止转动。

（4）失压保护

当按下上升按钮SB1时，接触器KM1线圈通电，一方面使电动机M的主电路通电旋转，另一方面与SB1并联的KM1常开辅助触头吸合，使KM1接触器线圈在SB1松开时仍然能通电吸合，电动机仍能保持旋转。

停止电动机旋转时，按下停止按钮 SB3，使 KM1 线圈断电，一方面使主电路的 3 个触头断开，电动机停止旋转，另一方面 KM1 自锁触头也断开，当将停止按钮松开而恢复接电时，KM1 的线圈已不能自动通电吸合。这个电路若中途发生停电失压，再来电时不会自动工作，只有重新按压上升或下降按钮时，电动机才会工作。

（5）双重联锁控制

电路中，在 KM1 线圈电路中串有一个 KM2 的常闭辅助触头，同样，在 KM2 线圈电路中串有一个 KM1 的常闭辅助触头，这是一个保证两者不同时通电的联锁电路。如果 KM1 吸合吊篮上行，串在 KM2 电路中的 KM1 的常闭辅助触头断开，这时，即使按下下降按钮 SB2，KM2 线圈也不会通电工作。上述电路中，不仅两个接触器通过常闭辅助触头实现了不同时通电的联锁，同时，也利用 2 个按钮 SB1、SB2 的一对常闭触头实现了不能同时通电的联锁。

二、通信联络装置

各楼层通过电铃音响信号和指示灯信号，提示提升机操作司机吊篮召唤信息；通过指示灯提示司机各楼层通道口门是否关闭；司机通过电铃音响信号提示吊篮周围人员注意安全避让，吊篮将要运行。

物料提升机通信联络装置电气原理如图 3—26 所示。其工作原理如下：

（1）按下电铃开关 LA，安装在升降机上的电铃 DL1 发声，警示相关人员离开吊篮运行区域。

（2）当某楼层呼叫吊篮到达或需要吊篮离开某楼层时，按下相应某楼层按钮 LA×，电控箱上的相应指示灯 LD×通电发光、电铃 DL2 发声，司机得到明确信号。

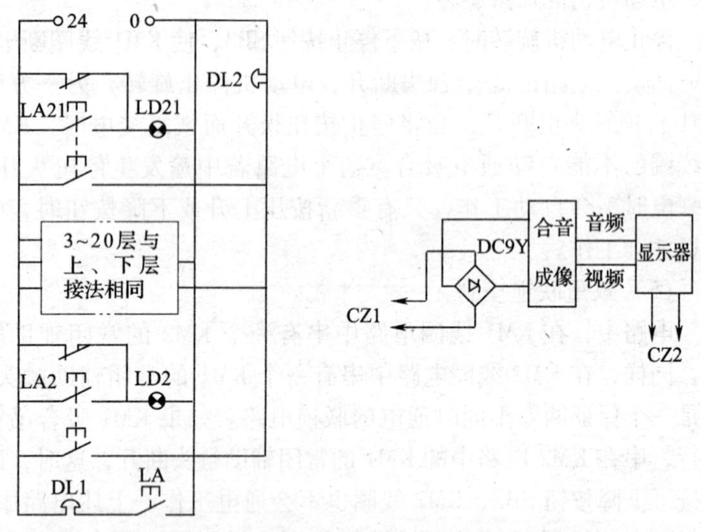

图 3—26　物料提升机通信联络系统电路原理图

a）铃声和指示灯信号电路原理图　b）音频、视频显示电路原理图

（3）当某楼层的门没有关好时，吊篮将无法动作，同时该楼层的指示灯会发光，提示作业人员关好该楼层门。

（4）音频、视频显示电路：提升机司机通过装设在吊篮内的摄像头观察吊篮内人员活动情况和吊篮停层的停层情况，并听取停层作业人员发出的运行指令。

第四章

物料提升机的使用、保养与管理

第一节　物料提升机使用前的准备

物料提升机安装后必须经过调试、检查、验收等准备工作后才能投入正常使用。调试、检查和验收是物料提升机正常、安全使用的必要程序。

一、物料提升机的调试

物料提升机的调试是通过试验来进行的，通常根据物料提升机的使用技术要求反复进行试验、调整，再试验、再调整，直至所有需要调试的项目均达到使用技术要求为止。物料提升机安装后主要要进行以下项目的调试。

1. 架体垂直度的调整

架体是物料提升的主要承载结构，安装和使用过程中必须保证其垂直度，才能达到设计的承载能力。

架体垂直度的调整应在架体安装过程中按不同高度分别进行，通常每安装两个标准节时应设置临时支撑或缆风绳，此时即进行架体的垂直度校正；安装相应高度附墙架或缆风绳时再进行微量调整，安装达预定高度后进行垂直度复测。测量垂直度时，先将吊篮下降至地面，使用线锤或经纬仪从垂直于吊篮长度方向（X 向）与平行于吊篮长度方向（Y 向）分别测量架体的垂直度，重复 3 次取平均值，并做记录，安装垂直度偏差应保持在 3/1 000 以内，且不得大于 200 mm。

2. 缆风绳张力的调整

缆风绳是保持物料提升机架体稳定的重要构件，为保证架体的稳定，缆风绳在安装时应及时张紧，建筑物料提升机缆风绳通常采用花篮螺栓来张紧，张紧力的大小可以用测力计直接测量，也可以通过测量缆风绳的垂度（钢丝绳在自重下，与张紧后理想直线间的偏移距离）来间接判断，一般缆风绳的垂度不应大于缆风绳长度的1%。但由于现场条件的限制，很难精确测量，可在花篮螺栓调紧时用手感觉进行经验判断。

3. 导靴与导轨间隙的调整

在吊篮就位穿绕钢丝绳后，开动卷扬机，使吊篮离地0.5 m以下，按设备使用说明书要求调整导靴与导轨间隙。说明书没有明确要求的，可控制在5～10 mm。

4. 上下极限限位装置的调整

上下极限限位装置是物料提升机的安全装置。上极限限位的位置应满足3 m的越程距离；高架提升机的下极限限位，应在吊篮碰到缓冲器前就动作，否则应调整行程开关或撞铁的位置。安装和调整后要进行运行试验，直至符合要求。

5. 电动卷扬机制动器的调试

制动器的调试是在提升机安装后通过制动试验进行的。试验时，吊篮以额定载荷运行并进行制动，观察制动时是否有较大的冲击，制动时间是否过长，制动后吊篮有无下滑现象等。若存在以上现象，则需要对制动器进行调整。制动器的调整是通过调整主弹簧的张力实现的，增大主弹簧的张力可以增大制动力矩，防止制动后吊篮下滑。但制动力矩过大，松闸间隙过小，又会造成较大的制动冲击，因此，在调整主弹簧张力的同时还应对松闸间隙进行调整，松闸间隙是靠闸瓦上的两个调整螺钉调整的。松闸间隙应根据产品说明书要求进行调整，无相关资料时，可控制在0.8～1.5 mm。

通过上述调整后，必须进行满负荷制动试验，若未达到要求，应再次对制动器进行调整、试验，直到符合要求为止。

6. 断绳保护装置的调试

对渐进式（楔块抱闸式）的安全装置，可进行坠落试验。试验时将吊篮降至地面，先检查安全装置的间隙和摩擦面清洁情况，符合要求后将额定载重量在吊篮内均匀放置。将吊篮提升至3 m左右，利用停靠装置将吊篮挂在架体上，放松提升钢丝绳1.5 m左右，然后松开停靠装置，模拟吊篮坠落，吊篮应在1 m距离内可停靠住。超过1 m时，应在吊笼降地后调整楔块间隙，重复上述过程，直至符合要求。

其他类型的断绳保护装置的调试可按其说明书要求进行。

7. 超载限制器的调试

将吊篮提升至距地面200 mm处，逐步加载，当载荷达到额定载荷90%时应能报警；继续加载，在超过额定载荷时，即自动切断电源，吊篮不能启动。如不符合上述要求，应调节超载限制器上调节螺栓的螺母，通过改变弹簧的预压缩量来进行调整，直至满足要求。

8. 电气装置调试

物料提升机安装完毕后，应对电气开关、按钮等进行检查和试验。例如试验升降按钮、急停开关是否可靠有效，漏电保护器是否灵敏，接地防雷装置是否可靠连接等。

9. 通信装置调试

物料提升机使用前应对声音信号、视频信号等通信装置进行调试试验，以确保通信正常。

二、物料提升机使用前的自检

物料提升机安装完毕，在正式投入使用前，应当按照安全技术标准及安装使用说明书的有关要求，对物料提升机钢结构件、提升机构、附墙架或缆风绳、安全装置和电气系统等进行自检，自检的主要内容与要求见表4—1。

表 4—1　物料提升机安装使用前自检项目及要求

检查项目	序号	检查内容	要求	结果
架体	1	架体外观	无可见裂纹、严重变形和锈蚀	
	2	螺栓连接件	齐全、可靠	
	3	连接销轴	齐全、可靠	
	4	垂直度	偏差值不大于 3/1 000，且不大于 200 mm	
	5	吊笼导轨	导轨无明显变形、接缝无明显错位、吊笼运行无卡阻，导轨接点截面错位不大于 1.5 mm	
	6	架体开口处	须有交效加固	
	7	底架与基础的连接	应可靠	
吊笼	8	吊笼外观	无可见裂纹、严重变形和锈蚀	
	9	底板	应牢固、无破损	
	10	安全门	应灵活、可靠	
	11	周围挡板、网片	高度不小于 1 m，且安全、可靠	
附着装置或缆风绳	12	附着装置连接	符合设计或说明书要求，且不能与脚手架等临时设施相连	
	13	附着装置间距	应符合说明书要求，且应不大于 9 m	
	14	附墙后自由端高度	应符合说明书要求，且应不大于 6 m	
	15	缆风绳安装	应符合说明书要求，且与地面夹角应不大于 60°	
	16	缆风绳直径	应符合说明书要求，且应不小于 9.3 mm	
	17	缆风绳数量	提升机高度 20 m 及以下时，不少于 1 组 4 根；大于 20 m 时，不少于 2 组 8 根	

续表

检查项目	序号	检查内容	要求	结果
提升机构	18	卷扬机生产制造许可证、产品合格证	齐全、有效	
	19	钢丝绳完好度	应完好，达到报废标准的应报废	
	20	钢丝绳尾部固定	有防松性能，符合设计要求	
	21	卷筒排绳	应整齐，容绳量满足需要	
	22	钢丝绳在卷筒上最少余留圈数	不少于3圈	
	23	卷筒两侧边缘的高度	超过最外层钢丝绳高度应不大于2倍钢丝绳直径	
	24	滑轮直径	应与钢丝绳匹配，低架 $D \geqslant 25d$，高架 $D \geqslant 30d$	
	25	机架固定	应牢固可靠	
	26	联轴器	应工作可靠	
	27	制动器	有效、可靠	
	28	控制盒	按钮式应点动控制，手柄式应有零位保护；并均有急停开关，采用安全电压	
	29	操作棚	有防雨、防砸等防护功能，视线良好	
	30	摇臂把杆	工作夹角和范围应符合说明书要求，不得与缆风绳干涉且设保险绳	
安全装置和设施	31	停层安全保护装置	应设，安全可靠	
	32	断绳保护装置	应安全可靠，坠落距离不大于1 m	
	33	上限位	应灵活有效，越程不小于3 m	
	34	下限位	高架机应设置，且灵活有效	
	35	层楼安全门	应安全可靠	
	36	底层安全围护、安全门	围护高度不小于1.5 m，安全门和联锁装置有效	

续表

检查项目	序号	检查内容	要求	结果
安全装置和设施	37	上料防护棚	符合规定、有防护功能	
	38	超载限制器	高架机应设置，且灵敏可靠	
	39	缓冲装置	高架机应设置，且有效可靠	
	40	卷筒防脱绳保险	应设置，且有效可靠	
	41	滑轮防钢丝绳跳槽装置	应设置，且有效可靠	
电气和标志	42	接地装置	应外露牢固，接地电阻不大于10 Ω	
	43	通信或联络装置	应设置	
	44	漏电开关	应单独设置	
	45	绝缘电阻	应不小于0.5 MΩ	
	46	层楼标志	齐全、醒目	
	47	限载标志	应设置，醒目	
	48	警示标牌	挂醒目位置，内容符合现场要求	
试验	49	空载试验	各机构动作应平稳、准确，不允许有震颤、冲击等现象	
	50	额定载荷试验	各机构动作应平稳，无异常现象；模拟断绳试验合格，架体、吊笼、导轨等无变形	
	51	超载试验（额定载荷的125%）	动作准确可靠，无异常现象，金属结构不得出现永久变形、可见裂纹、油漆脱落以及连接损坏、松动等现象	

三、物料提升机的试验

物料提升机安装完毕后，应进行空载试验、额定荷载试验和超载试验，试验可按如下方法进行：

1. 空载试验

在空载情况下启动提升机，将吊篮以工作速度进行上升、下降、变速和制动等试验，在全行程范围内，反复试验不得少于3次。

对双吊篮提升机，应对各单吊篮升降和双吊篮同时升降，分别进行试验。

空载试验过程中，应检查各机构动作是否平稳、准确，不允许有震颤、冲击等现象。

在进行上述试验过程中，还应同时对各安全装置进行灵敏度试验。

2. 额定载荷试验

在吊篮内施加额定荷载，使其重心位于吊篮的几何中心，沿长度和宽度两个方向，各偏移全长1/6的交点处。除按上述空载试验动作试验外，还应作吊篮模拟断绳试验。

3. 超载试验

超载试验一般只在物料提升机第一次投入使用前，或经大修后进行，超载试验应符合下列规定：

载荷取额定载荷的125%（按5%逐级加荷），载荷在吊篮内均匀放置，分别做上升、下降、变速和制动（不做坠落试验）试验。试验过程中动作应准确可靠，无异常现象，金属结构不得出现永久变形、可见裂纹、油漆脱落以及连接损坏、松动等现象。

四、物料提升机的验收

物料提升机经安装单位自检合格后，使用单位应当组织产权（出租）、安装和监理等有关单位进行综合验收，验收合格后方可投入使用，未经验收或者验收不合格的不得使用；实行总承包的，由总承包单位组织产权（出租）、安装、使用和监理等有关单位进行验收。

物料提升机的验收内容主要包括：技术资料、标志与环境及自检情况等，具体内容见表4—2。

表4—2　　物料提升机综合验收表

<table>
<tr><td>使用单位</td><td></td><td>型号</td><td colspan="2"></td></tr>
<tr><td>设备产权单位</td><td></td><td>设备编号</td><td colspan="2"></td></tr>
<tr><td>工程名称</td><td></td><td>安装日期</td><td colspan="2"></td></tr>
<tr><td>安装单位</td><td></td><td>安装高度</td><td colspan="2"></td></tr>
<tr><td>检验项目</td><td colspan="3">检查内容</td><td>检验结果</td></tr>
<tr><td rowspan="5">技术资料</td><td colspan="3">制造许可证、产品合格证、制造监督检验证明、产权备案证明齐全、有效</td><td></td></tr>
<tr><td colspan="3">安装单位的相应资质、安全生产许可证及特种作业岗位证书齐全、有效</td><td></td></tr>
<tr><td colspan="3">安装方案、安全交底记录齐全有效</td><td></td></tr>
<tr><td colspan="3">隐蔽工程验收记录和混凝土强度报告齐全有效</td><td></td></tr>
<tr><td colspan="3">安装前零部件的验收记录齐全有效</td><td></td></tr>
<tr><td rowspan="2">标志和环境</td><td colspan="3">产品铭牌和产权备案标志齐全</td><td></td></tr>
<tr><td colspan="3">与外输电线的安全距离符合规定</td><td></td></tr>
<tr><td>自检情况</td><td colspan="3">自检内容齐全，标准使用正确，记录齐全有效</td><td></td></tr>
<tr><td colspan="2">安装单位验收意见：

技术负责人签章：　　日期：</td><td colspan="3">使用单位验收意见：

项目技术负责人签章：　　日期：</td></tr>
<tr><td colspan="2">监理单位验收意见：

项目总监签章：　　日期：</td><td colspan="3">总承包单位验收意见：

项目技术负责人签章：　　日期</td></tr>
</table>

第二节　物料提升机的使用与管理

一、物料提升机的管理

1. 物料提升机管理岗位职责

（1）项目经理岗位责任

1）组织制定物料提升机管理制度，负责检查制度执行情况，加强对物料提升机管理工作的领导。

2）制订物料提升机管理的计划、目标、措施等，并领导组织实施。

3）负责对物料提升机的维修和管理，合理配备有关人员。

4）负责组织对物料提升机安装和使用人员的技术、业务培训。

5）组织对物料提升机的定期综合检查，定期向企业安全管理部门汇报工作情况，提出改进方案和建议。

6）协助租赁单位对租赁机械的进场、安装、使用、维修进行管理，对租赁机械设备做使用前初验认可。

（2）物料提升机管理责任人岗位责任

1）认真贯彻执行各项机械设备管理规章制度、操作规程，负责检查本项目施工中的执行情况，发现问题及时采取措施，落实整改。

2）协助编制物料提升机安装、拆除、使用及有关管理制度。

3）配合有关部门做好物料提升机安装、使用等特种作业人员的技术培训和考核、复审工作，对违反机械操作规程的作业人员提出处理意见。

4）严格执行公司的机械设备修理、保养、检查制度，掌握现场机械设备的使用、维护及保养计划的执行情况，并积极解决存在的问题。

5）定期对物料提升机实行安全运行检查，切实做好隐患整改工作。

6）监督检查作业人员的持证上岗工作，落实安全技术交底、安全检查、交接班等系列管理制度，认真做好各项原始记录。

7）积极协助处理现场机械事故，认真执行“四不放过”原则。

（3）物料提升机操作人员岗位责任

1）操作人员必须身体健康，并经过专业培训且考试合格，取得有关部门颁发的操作证或特殊工种操作证后，方可独立作业。

2）必须严格遵守现场机械管理的各项管理制度，执行安全技术交底，对本人所操作机械的安全运行负责。

3）操作前，必须熟悉作业环境和施工条件，按规定穿戴好劳动保护用品。检查机械的安全、防护装置及技术性能等，并进行试运转。

4）操作中需集中精力，不得做与工作无关的事情，作业人员不得擅自离开岗位，严禁无关人员进入提升机作业区，特别是传动系统区域，不准对处在运行中的提升机进行维修、保养或调整等作业，工作完毕后，应将吊笼放至地面，拉闸断电，锁好电闸箱。

5）操作人员有权拒绝来自任何方面的违章、违规指令。当物料提升机运行与安全发生矛盾时，必须服从安全的要求。

6）当发生故障时，必须由专业人员检测维修，严禁机械带病作业，发生事故或未遂恶性事故时，必须及时抢救，保护现场并立即向上级报告。

7）进行轮流作业时，操作人员应实行交接班制，认真填写机械运转、交接班记录；夜间作业，现场必须有充足的照明。

8）严格按“四不放过”的原则处理提升机事故。

2. 物料提升机的管理制度

（1）物料提升机安全使用制度

1）物料提升机安装使用方案中应制定使用过程中的定期检测方案，并如实填写安装、使用、检测、自检记录。

2）在进场前，应结合现场情况，做好安装、调试等部署规划，并绘制出平面布置图。

3）安装前要进行一次全面的维修、保养，达到安全要求后再进行安装，使用期间按计划实施日常维修和保养。

4）操作人员的配备应保持相对稳定，严格执行定人、定机、定岗位，不得随意调动或顶班。

5）操作人员应严格执行操作规程，凡不按规定执行者均按违章处理。

6）在移动、清理、保养、维修时，必须切断电源，并设专人监护，在设备使用间隙或停电后，必须及时切断电源，挂停用标志牌。

7）凡因违章而发生机械损毁、人身伤亡事故者，都要查明事故原因及责任，按照“四不放过”的原则，严肃处理。

（2）安全教育制度

1）物料提升机安全操作知识应纳入“三级教育”内容。

2）操作人员必须经过专门的安全技术教育和培训，并经考核合格后，方可持证上岗，上岗人员必须定期接受再教育。

3）对安装和使用人员的教育内容包括：安全法规、本岗位职责、安全技术、安全知识、安全制度、操作规程、事故案例、注意事项和有关标准规范等，并有教育记录，归档备查。

4）认真开展班前活动，并结合施工季节、施工环境、施工进度、施工部位及易发生事故的地点等，做好有针对性的分部分项安全技术交底工作。

5）各项培训记录、考核试卷、标准答案、考核人员成绩汇报表等均应归档备查。

（3）安全检查制度

1）项目部对物料提升机的安全检查每月不少于三次，工长、班组长每天检查一次。

2）按照《建筑施工安全检查标准》（JGJ 59—1999）对现场实施定期和不定期检查，重点检查制动和安全装置是否齐全有效；是否带病作业；是否有异常现象；金属结构部分是否开焊、开裂、变形；连接部位是否牢固可靠；是否定期保养、清洁；操作人员是否持证上岗；有无违章指挥、违章作业行为等。

3）对物料提升机的基础、架体垂直度、传动系统等，应定期检查和检测。并认真做好记录，备案待查。

4）对检查中发现的问题要采取相应措施，定人、定时间、定措施地进行整改，并及时进行复查，填写检查和整改记录表。

5）对违章指挥和违章操作行为进行严肃处理，并做好记录。

（4）维修保养与使用制度

1）物料提升机应由专人负责管理和使用。实行“管用结合，人机固定”的原则，执行定人、定机、定岗位责任的“三定”制度。多班作业时，必须有交接班制度。

2）操作人员要熟悉本机情况，做到“四懂、三会”，即：懂原理、懂结构、懂性能、懂用途，会操作、会维修保养、会排查排除故障。

3）在用的物料提升机应保持技术性能良好，运行正常，安全装置齐全、灵敏、可靠。“失修”或“带病”的机械设备不得投入使用。

4）严格执行日常保养、换季保养、磨合期保养、停放保养制度。加强机械设备在作业前、运行中、作业后所进行的“清洁、紧固、调整、润滑、防腐”十字作业，保持设备的应有效能，消除事故隐患。

5）实行日常检查和定期检查相结合，并做好记录，归档备查。

(5) 特种作业人员管理制度

1）对特种作业人员的管理应严格执行国家标准《特种作业人员安全技术考核管理规则》(GB 5306—85)，切实做好对特种作业人员的培训、考核和管理工作。

2）要求特种作业人员必须年满18周岁，身体健康，工作认真负责，无妨碍从事本工种作业的疾病和生理缺陷。必须经过专门的安全技术理论、操作技能培训，经考核合格，持有效的特种作业操作证，方可上岗操作。其从事作业的范围应与证件所规定的操作项目符合。

3）特种作业人员必须严格遵守有关规章制度，遵守劳动纪律，努力学习本工种专业技术和安全操作规程，提高预防事故和职业危害的能力。

4）特种作业人员应当正确使用和保管各种安全防护用具及劳动保护用品，善于采纳有利于安全作业的意见，对违章指挥作业者能及时予以指出，必要时向有关领导汇报。

5）持有特种作业操作证的人员，必须严格执行有关部门的持证复审规定，按期限进行复审，凡超过时限未经复审者，不得继续从事原岗位（工种）作业。

二、物料提升机的使用

1. 使用前的检查

物料提升机司机班前必须对操作的物料提升机进行检查和试车，检查和试车主要包括以下主要内容：

(1) 金属结构有无开焊、裂纹和明显变形现象。

(2) 架体各节点连接螺栓是否紧固。

（3）附墙架的连接是否牢固，地锚与缆风绳的连接是否有松动。

（4）钢丝绳、滑轮组的固结情况，卷筒的绕绳情况，发现斜绕或叠绕时，应松绳后重绕。

（5）进行空载试运行，升降吊笼各一次，验证上、下限位器和安全停靠装置是否灵敏可靠；观察吊笼运行通道内有无障碍物。

（6）负载运行，检查制动器的可靠性和架体的稳定性。

（7）各层接料口的栏杆和安全门是否完好，联锁装置是否有效，安全防护措施是否符合要求。

（8）电气设备及操作系统是否可靠，信号及通信装置的使用效果是否良好清晰。

（9）司机的视线是否清晰良好。

2. 物料提升机的安全操作规程

（1）安全操作规程的定制

操作规程是司机作业活动的准则，也是指导司机正确使用和操作的重要依据，因此不仅要认真制定，而且应制定得科学、合理、周密。安全操作规程的制定，应由企业的技术负责人组织，会同设备和安全人员共同进行编制。安全操作规程一般应包括以下内容：

1）人员条件的要求。应在操作规程中明确提出司机人员的年龄、健康和文化程度的要求；酒后、疲劳、情绪异常等即时条件的限制；持证上岗及劳保防护用品使用；操作人员与运送物料人员的配合、协调等。

2）作业环境的要求。应在操作规程中规定物料提升机适用的环境条件，包括气象自然条件、如不宜作业的恶劣天气、环境温度等；正常作业时电源电压波动范围的限制；夜间作业的照明条件；作业区的警示措施等。

3）操作注意事项。应在操作规程中详细阐明作业前、作业中、作业后应做好的工作；电气开关和安全装置的正确操作方法；使用中主要的注意事项及发生意外情况时的应急措施等。

4）维护保养的规定：为确保物料提升机良好的技术状态，避免事故隐患，应在操作规程中列出指导性的维修保养内容，包括简单故障的排除要领，日常及定期保养的周期、内容、注意事项等。

（2）物料提升机安全操作规程

1）物料提升机司机必须经过有关部门专业培训，考核合格后取得特种人员操作资格证书，持证上岗。

2）必须定机、定人、定岗作业。

3）物料提升机司机必须进行班前检查和保养，作业前，检查卷扬机与地面固定情况：防护设施、电气线路钢丝绳有无断丝和磨损；制动器是否灵敏且松紧适度，联轴器螺栓是否紧固，弹性皮圈是否完好且无损坏和缺失，接零接地保护装置是否良好；卷筒上绳筒保险是否完好且无缺挡松动；传动带、开式齿轮传动部位防护是否齐全有效，确认各类安全装置是否安全可靠，全部合格后方可使用。

4）物料提升机司机应在班前进行空载试运行。

5）开机前应先检查吊篮门是否关闭，货物是否放置平稳，有无伸出篮外部分。

6）物料在吊篮内应均匀分布，不得超出吊篮。长料立放和小车置于吊篮内，应采取防滚动措施；散料应装箱或装篮。

7）开机前须检查吊笼是否与其他施工件有连接，并随时注意建筑物上的外伸物体，防止与吊篮碰撞、挂拉。

8）严禁超载运行。

9）物料提升机司机操作时，高架提升机应使用通信装置联系。低架提升机在多工种、多楼层同时使用时，应设专门指挥人员，信号不清不得开机。作业中无论任何人发出紧急停车信号，应立即执行。

10）发现安全装置、通信装置失灵时应立即停机修复。

11）操作中或吊篮尚悬空吊挂时，物料提升机司机不得离开驾驶岗位。

12）当安全停靠装置没有固定好吊笼时，严禁任何人员进入吊笼；吊篮安全门未关好或人未走出吊笼时，不得升降吊笼。

13）严禁任何人员攀登、穿越提升机架体和乘坐吊篮上下。

14）发现安全装置、通信装置失灵时，应立即停机修复。

15）作业中不得将极限限位器当做停止开关使用。

16）使用中物料提升机司机必须时刻注意钢丝绳的状态，卷筒上钢丝绳应排列整齐，吊篮落至地面时，卷筒上钢丝绳至少应保留3圈。当重叠或叠绕时，应停机重新排列，严禁在转动中用手拉脚踩钢丝绳。

17）装设摇臂把杆的井字架，其吊篮与摇臂把杆不得同时使用。

18）闭合电源前或作业突然停电时，应将所有开关扳回零位。在重新恢复工作前，应在确认提升机动作正常后方可继续使用。

19）物料提升机发生故障或维修保养必须停机，切断电源后方可进行；维修保养时应切断电源，在醒目处挂“正在检修，禁止合闸”的标志，现场须有人监护。

20）提升钢丝绳运行中不得拖地面和被水浸泡；必须穿越主要干道时，应挖沟槽并加保护措施；严禁在钢丝绳穿行的区域内堆放物料。

21）物料提升机司机不得擅离岗位，暂停作业离开时，应将吊篮降至地面并切断总电源。

22）作业结束后，应降下吊篮，将所有开关扳回零位，切断总电源，锁好物料提升机开关箱，防止其他人员擅自启动提升机。

3. **物料提升机的操作**

（1）物料提升机的操作步骤

1）在操作前，司机应首先按要求进行班前检查。

2）送电后，进行空载试运转，无异常后，方可正常作业。

3）物料进入吊篮内，篮门关闭后，发出音响信号示意，按下上升按钮使物料提升机吊篮向上运行。

4）运行到某一指定接料平台处，按下停止按钮，吊篮停止。

5）待物料推出吊篮外，篮门关闭后，发出音响信号示意，按下下降按钮使物料提升机吊篮向下运行，运行到地面，按下停止按钮，吊篮停止，完成一个操作过程。

（2）紧急情况处理

在物料提升机使用过程中，有时会发生一些紧急情况，此时司机首先要保持冷静，采取一些合理有效的应急措施，等待维修人员排除故障，尽可能地避免或减少损失。

1）吊篮在运行时，突然断电。吊篮在运行中突然断电时，司机应立即向周围人员发出示警，把各控制开关置于零位，关闭电气控制箱内的电源开关，防止突然来电发生意外，并与有关人员联系，判明断电原因。若恢复供电时间较长，应采用手动方式下降吊篮，下降时需两人配合，一人按动制动器，一人观察指挥，控制吊篮匀速缓慢下降，直至下降到安全位置。

2）吊篮在运行时，制动突然失灵。物料提升机在行驶中或停层时，出现制动失灵现象时，司机应向周围人员发出示警，在确保现场安全的情况下，开动卷扬机，将吊篮降到地面；断开电源，由有关人员对制动器进行维修。

3）吊篮在运行时，钢丝绳突然被卡住。吊篮在运行中钢丝绳突然被卡住时，司机应及时按下紧急断电开关，使卷扬机停止运行，向周围人员发出示警，把各控制开关置于零位，关闭控制箱内电源开关，并启动安全停靠装置。然后通知专业维修人员，交由专业维修人员对物料提升机进行维修。专业维修人员到达前，司机不得离开现场。

三、物料提升机的维护保养

物料提升机属于室外作业机械，作业环境较差，会遭受风吹、雨打、日晒等的侵蚀，灰尘沙土经常会落到机械各部分；运动部件会出现正常磨损或非正常损坏；运动副之间的配合间隙也会随着机器的使用发生变化；润滑油或油脂会自然损耗流失。因此，提升机在使用过程中，应对重要部件进行经常性的维护保养，如对提升机各润滑部位进行注油润滑等。如不及时地对物料提升机进行维护和保养，将会缩短其使用寿命，严重的甚至会造成机器的损坏。

为了使物料提升机经常处于完好状态和高效率的安全运转状态，避免和消除物料提升机在运转工作中可能出现的故障，提高物料提升机的使用寿命，物料提升机作业人员必须及时正确地做好物料提升机的维护保养工作。

1. 维护保养的内容

物料提升机的维护保养分为日常保养和定期保养。

(1) 日常维护保养

每班开始工作前，应当进行检查和维护保养，包括目测检查和功能测试，日常维护保养时应注意以下几点：

1）应按使用说明书的有关规定，对提升机的各润滑部位注油或上润滑脂。在无说明书时，可按序检查各有相对运动的部位，酌情加注润滑油（脂）。主要润滑点有：卷筒支撑轴承，制动器推杆铰销，吊篮导靴（导轮），各滑轮的轴承，停靠装置手柄和搁脚，弹闸式安全装置的弹闸，楔块抱闸式安全装置的弹簧滑槽等。

2）对吊篮导靴涂抹油脂及楔块抱闸式安全装置注油应适量控制，不得使闸块摩擦面沾油，如有油污应及时清理干净。

3）钢丝绳应始终保持良好的润滑状态，如缺油可酌情涂抹润滑脂。涂抹应在专门槽道里进行，严禁在卷扬机运转时直接用手涂抹。

4）新卷扬机在首次使用时应注意减速器的磨合，磨合周期应符合说明书的要求。磨合后的减速器应立即更换润滑油，如发现磨屑过多则应先进行清洗，然后再注入新润滑油。

5）检查制动器的闸块间隙，如过大或过小应及时调整；联轴器的弹性套失效时应及时更换。

6）物料提升机处于工作状态时不得进行保养工作，进行保养时应将所有开关置于零位，切断主电源。

（2）定期维护保养

物料提升机定期维护保养的内容和周期可参照表4—3。

表4—3　　物料提升机定期维护保养内容与周期

序号	间隔时间	部位	内容	结果
1	每周一次	钢丝绳	检查钢丝绳的磨损和断丝情况，若磨损严重或有断丝应及时予以更换；检查钢丝绳是否脱离绳槽	
		标志	检查警示标志和限制载荷标示是否完整、有效	
		销轴	检查各销轴连接处销是否完好、可靠	
		导靴（导轮）	连接螺栓是否拧紧；导轮是否转动灵活；导靴是否过分磨损	
		制动器	制动器是否能可靠地制动，制动摩擦片磨损是否超标；吊笼在额定载荷下降时，制动距离是否符合要求	
		卷筒轴	检查卷筒轴磨损情况，润滑卷筒轴	
		滑轮、滑轮轴	检查滑轮、滑轮轴润滑情况，润滑油接触面	

续表

序号	间隔时间	部位	内容	结果
1	每周一次	防断绳保护装置和安全停靠装置	润滑油接触面，清洗一次	
		钢丝绳	润滑表面	
		电气系统	检查各接线柱及接触器等连接有无松脱	
		减速机	润滑油有无泄漏，检查减速箱油位，必要时加注润滑油	
		对重	对重导向轮转动灵活；导靴无严重磨损	
		围栏安全门	检查有否损伤变形，润滑导靴表面或门轴	
		导轨	润滑接触表面	
2	每月一次	每周检查项目	内容同上	
		架体	拧紧所有杆件、标准节接头处螺栓	
		附墙架	拧紧螺栓，所有附墙架的扣件有效	
		钢丝绳固定	确保钢丝绳绳端固定、安全、可靠	
		吊笼上的导向滚轮	润滑轴承	
		吊笼安全门轴、滑道	润滑表面	
		限位、限位开关及碰块	检查开关动作是否灵活，各碰块是否移动位置	
3	每年一次	每月检查项目	内容同上	
		导靴（导轮）	检查吊笼导向滚轮的磨损情况以及滚珠轴承可能有的游隙，将导向滚轮和标准节架体立柱之间的间隙调整到适当大小	
3	每年一次	断绳和停层保护器	进行断绳和停层试验，保护是否有效及制动是否灵活	
		联轴器橡胶块	检查橡胶块挤压及磨损情况	
		腐蚀损伤和磨损	检查整个设备，对于可能被腐蚀、磨损的部件和承重部件采取必要措施	

2. 维护保养的方法

维护保养一般采用清洁、紧固、调整、润滑和防腐措施，通常称为“十字作业法”。具体方法如下：

（1）清洁

清洁就是要求机械各部位保持无油泥、污垢、尘土，要按规定时间检查清洗，减少运动零件的磨损。

（2）紧固

紧固就是要及时检查机体各部连接件的紧固情况。机械运转中产生的振动，容易使连接件松动，如不及时紧固，不仅可能产生漏油、漏电等，有些关键部位的螺栓松动，轻者导致零件变形，重者出现零件断裂分离，导致操纵失灵而造成机械事故。

（3）调整

调整就是对机械众多零件的相对关系和工作参数，如间隙、行程、角度、压力、松紧和速度等及时进行检查调整，以保证机械的正常运行。尤其是对关键机构，如制动器、减速机和各类滚轮的灵活可靠性，要调整适当，防止事故发生。

（4）润滑

润滑就是按照规定要求，选用并定期加注或更换润滑油，以保持机械运动零件的良好运动，减少零件磨损，保证机械正常运转。润滑是机械保养中极为重要的作业内容。

（5）防腐

防腐就是要做到“三防”，即防潮、防锈、防酸，以防止机械零部件和电气设备受到腐蚀。尤其是机械外表面必须进行补漆或涂上油脂等防腐涂料。

3. 主要部件的维护保养

（1）导靴装置的维护保养

导靴装置除了引导吊篮保持轴向运动之外还对吊篮在 X 向和 Y 向起控制作用。因此要经常检查其润滑情况，是否滚动（滑动）正常，导靴与导轨立柱管的间隙是否符合规定值，紧固螺栓有无松动，及导靴的磨损程度等。

以某滚轮式导靴物料提升机为例，说明导靴装置的磨损程度测量的间隙调整方法。

1）磨损极限和磨损量的测量。测量方法如图 4—1 所示。滚轮最大磨损量要求见表 4—4。

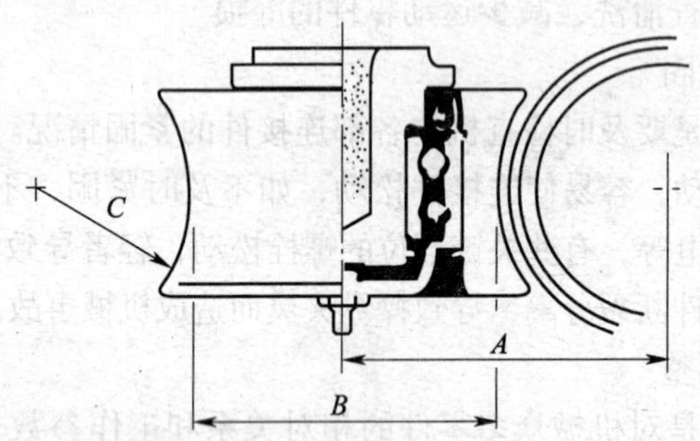

图 4—1 导向滚轮磨损测量示意图

表 4—4 导向滚轮磨耗测量表

标准节立柱管外径	测量	新滚轮	滚轮最大磨损
ϕ76	*A*	74 mm	最小 69 mm
	B	ϕ75.5 mm	最小 ϕ73 mm
	C	*R*38.5	最小 *R*38，最大 *R*42
ϕ89	*A*	78 mm	最小 73 mm
	B	ϕ84 mm	最小 ϕ81.5 mm
	C	*R*45	最小 *R*44.5，最大 *R*48.5

2）导向滚轮装置的调整。在吊篮空载情况下，转动导轮偏心轴进行调整。

图 4—2 所示为一导向滚轮装置。

①在吊篮空载情况下，转动导向滚轮轮毂偏心轴进行调整。

②侧滚轮的调整，一定要成对调整导轨架立柱管两侧的对应导向导轮。转动滚轮的偏心使侧滚轮与导轨架立柱管之间的

间隙为0.5 mm左右，调整合适后用200 mm力矩将其连接螺栓紧固。

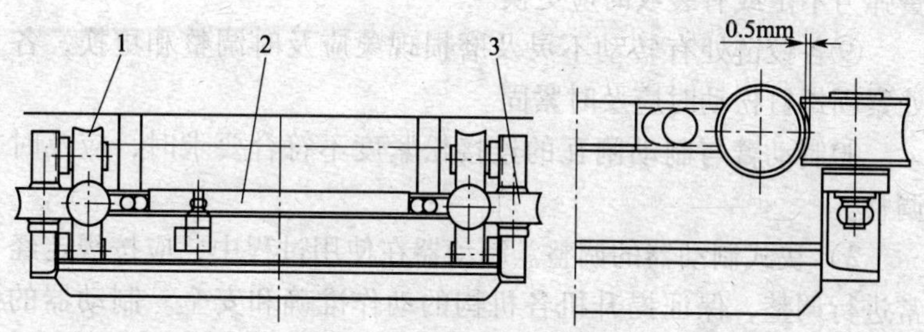

图4—2 滚轮调整示意图

1—正压轮 2—导轨架 3—侧滚轮

（2）块式制动器的维修与保养

1）块式制动器的维护与保养

①块式制动器制动时，闸瓦紧密地贴合在制动轮的工作表面，而在松闸状态下，两侧闸瓦与制动轮表面之间应保持0.8～1.5 mm间隙，整个接触面上、下间隙应均匀，该间隙称为松闸间隙。松闸间隙达不到要求时应及时进行调整，以保证制动器的制动效果。

②对制动闸瓦工作表面应经常进行清理，并保持干燥。

③制动闸瓦固定铆钉必须沉入沉头座中，不允许露头和制动轮接触，铆钉镶入制动瓦的深度应达到制动称料厚度的1/2～3/5。

④制动轮与制动衬料的接触面积不能小于80%。

⑤制动衬料磨损导致铆钉露头，或制动衬料磨损量超过原厚度的1/3，或边缘部分磨损厚度超过原厚度的2/3时，应及时更换制动衬料。

⑥定期对制动器各销轴处用机油进行充分的润滑，加油时应避免油溅到闸瓦和制动轮上，否则应及时擦净。

⑦制动器芯轴磨损量超过标准直径5%和椭圆度超过0.5 mm

时应更换芯轴。

⑧杆系弯曲时应及时校直，一旦出现裂纹应立即更换，弹簧弹力不足或有裂纹时应更换。

⑨各铰链处有转动不灵及磨损现象应及时调整和更换，各处紧固螺钉松动时应及时紧固。

⑩制动臂与制动闸瓦的连接松紧度不符合要求时，应及时调整。

2）块式制动器的调整。制动器在使用过程中，应按规定经常进行调整，保证提升机各机构的动作准确和安全。制动器的调整主要包括：调整电磁铁冲程，调节主弹簧长度，调整瓦块与制动轮间隙三方面。

①调整电磁铁冲程。如图 4—3 所示，先用扳手旋松锁紧的小螺母，然后用扳手夹紧螺母，用另一扳手推动推杆的方头，使推杆前进或后退。前进时顶起衔铁，冲程增大；后退时衔铁下落冲程减小。

②调节主弹簧长度。如图 4—4 所示，先用扳手夹紧推杆的外端方头和旋松螺母的锁紧螺母，然后旋松或夹住调整螺母，转动推杆的方头，通过螺母的轴向移动改变主弹簧的工作长度，随着弹簧的伸长或缩短，制动力矩随之减小或增大，调整完毕后，把右面锁紧螺母旋回锁紧，以防松动。

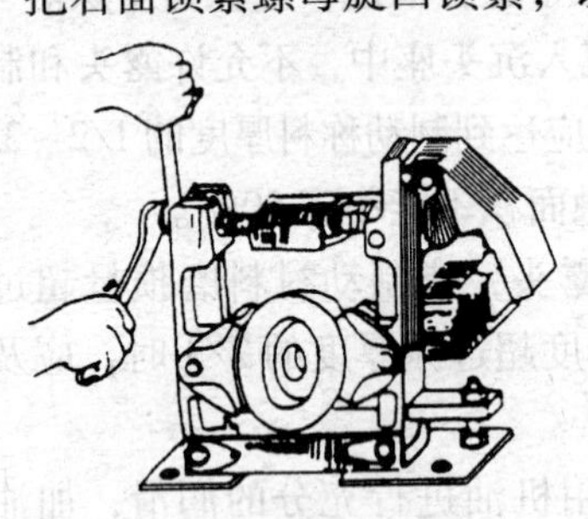

图 4—3　电磁制动器冲程的调节

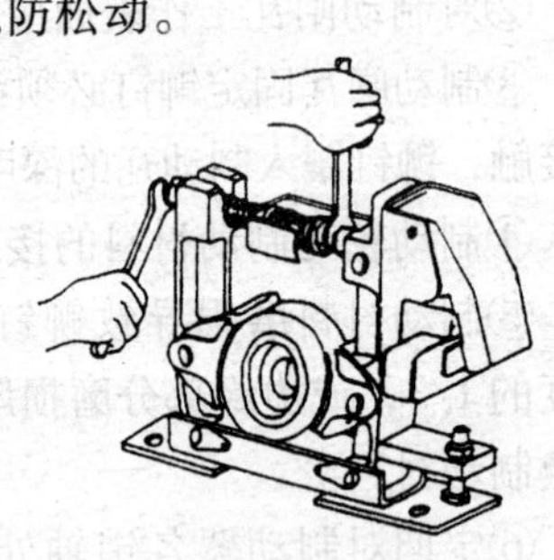

图 4—4　电磁制动器制动力矩调节

③调整瓦块与制动轮间隙。如图 4—5 所示，把衔铁推压在铁心上，使制动器松开，然后调整背帽螺母，使左右瓦块与制动轮间隙相等。

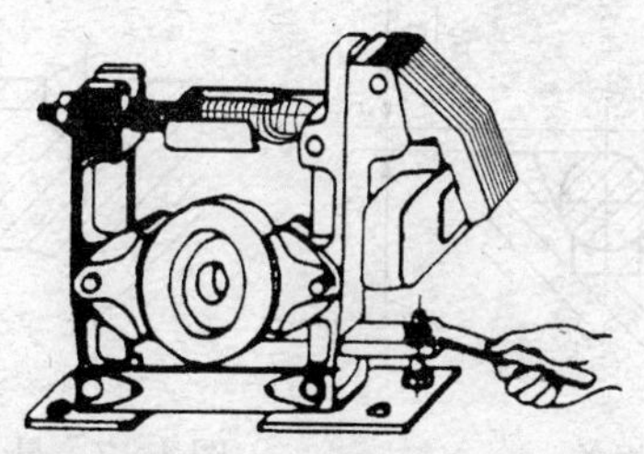

图 4—5　电磁制动器松闸间隙的调节

（3）减速器的维护保养

1）箱体内的油量应保持在油针或油镜的标定范围，油的规格应符合要求。

2）应按规定对润滑部位进行润滑，一般一个月应加油一次。

3）应保证箱体内润滑油的清洁，当发现杂质明显时，应换新油，对新使用的减速器，在试用一周后，应清洗减速机并更换新油液。以后每年应清洗和更换新油。

4）使用中，轴承的升温不应高于 60℃，箱体内的油液温升不超过 60℃，否则应停机检查原因。

当轴承在工作中出现撞击、摩擦等不正常噪声，应停机检查并进行调整，当通过调整也无法排除时，应考虑更换轴承。

（4）曳引机曳引轮的维护保养

1）应保证曳引机曳引轮绳槽的清洁，不允许在绳槽中加油润滑。

2）应使各绳槽的磨损一致。当发现槽间的磨损程度差距达到曳引绳直径的 1/10 以上时，要修理车削至深度一致，或更换轮缘，如图 4—6 所示。

3）对于带切口半圆槽，当绳槽磨损至切口深度少于 2 mm 时，应重新车削绳槽，但经修理车削后切口下面的轮缘厚度应大于曳引绳直径 d_0，如图 4—7 所示。

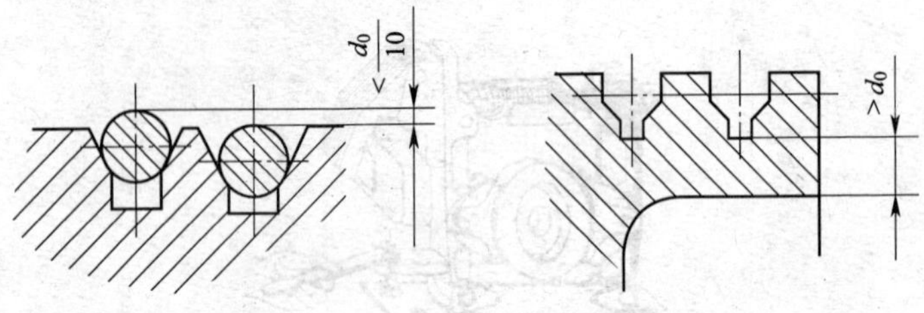

图 4—6　绳槽磨损差

图 4—7　最小轮缘厚度

（5）电动机的保养

1）应保证电动机各部分的清洁，不应让水或油侵入电动机内部。应经常吹净电动机内部和换向器、电刷等部分的灰尘。

2）对使用滑动轴承的电动机，应注意油槽内的油量是否达到油线，同时应保持油的清洁。

3）当电动机转子轴承磨损过大，出现电动机运转不平稳，噪声过大时，应更换轴承。

4）每季度应检查一次直流测速发电机，如电刷磨损严重，应予更换，并清除电动机内炭屑，在轴承处加注润滑脂。

（6）断绳保护和安全停靠装置的维护保养

对楔块式保护装置来讲，当长时间使用物料提升机后，断绳保护和安全停靠装置的制动滑块会磨损，当制动滑块磨损不甚严重时，可不更换制动滑块，直接在吊篮上用工具调节弹簧的预紧力，使制动状态时制动滑块制动灵敏，非制动状态时两制动滑块离开标准节导轨。

当制动滑块磨损严重时，应当将断绳保护和安全停靠装置从吊篮上拆下，更换制动滑块，如图 4—8 所示。

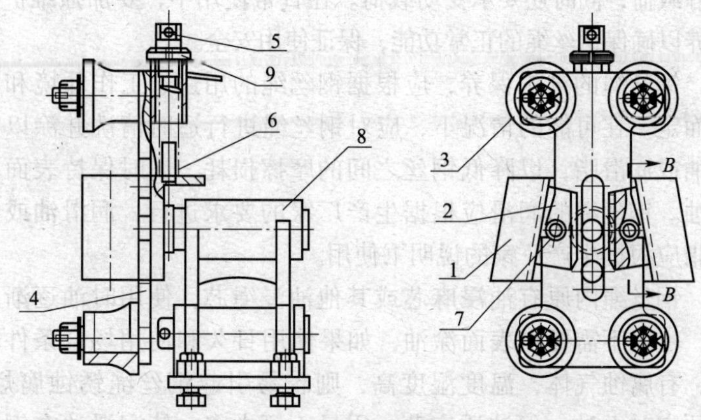

图 4—8　防断绳保护装置示意图

1—托架　2—制动滑块　3—导轮　4—导轮架　5—调节螺钉
6—压缩弹簧　7—内六角螺钉　8—防坠器连接架　9—圆螺母

1）将钢丝绳楔形接头的销轴拔出，卸防坠器连接架 8 的链接螺栓，将断绳保护和安全停靠装置从吊笼托架上取下。

2）将内六角螺钉 7 松开取下，卸下旧制动滑块更换上新的制动滑块，然后将更换好制动滑块的保护器再安装在吊笼托架上。

3）调整压缩弹簧 6 的预紧力。通过旋动调节螺钉 5，既使制动滑块不与导轨碰擦卡阻，又要使停层制动和断绳制动灵敏正常。

4）在制动滑块的滑槽内加入适量的油脂，起到润滑和防锈作用。

5）清洁制动滑块的齿槽摩擦面

（7）钢丝绳的维护保养

钢丝绳是物料提升机的重要部件之一，工作时弯曲频繁，由于提升机经常有启动、制动及偶然急停等情况，钢丝绳不但要承受静载荷，同时还要承受动载荷。在日常使用中，要加强维护和保养以确保钢丝绳的正常功能，保证使用安全。

钢丝绳的维护保养，应根据钢丝绳的用途、工作环境和种类而定。在可能的情况下，应对钢丝绳进行适时清洗并涂以润滑油或润滑脂，以降低钢丝之间的摩擦损耗，同时保持表面不锈蚀。钢丝绳的润滑应根据生产厂家的要求进行，润滑油或润滑脂应根据生产厂家的说明书使用。

钢丝绳内原有油浸麻芯或其他油浸绳芯，使用时油逐渐外渗，一般不需要在表面涂油，如果使用日久和使用场合条件较差，有腐蚀气体，温度湿度高，则容易引起钢丝绳锈蚀腐烂，必须定时上油。但油质宜薄，用量不可太多，使润滑油在钢丝绳表面能有渗透进绳芯的能力即可。如果润滑过度，将会造成摩擦系数显著下降而产生在滑轮中打滑的现象。

润滑前，应将钢丝绳表面上积存的污垢和铁锈清除干净，最好是用镀锌钢丝刷清刷。钢丝绳表面越干净，润滑油脂就越容易渗透到钢丝绳内部去，润滑效果就越好。

钢丝绳润滑的方法有刷涂法和浸涂法。刷涂法就是人工使用专用的刷子，把加热的润滑脂涂刷在钢丝绳的表面上。浸涂法就是将润滑脂加热到60℃，然后使钢丝绳通过一组导辊装置被张紧，同时使之缓慢地在容器里的熔融润滑脂中通过。

四、物料提升机常见故障与维修

物料提升机使用中会出现一些异常现象，司机必须首先判别故障原因，对于一些常见的轻微故障可由司机或维护人员直接排除，对于难以直接排除的故障要由专业维修人员进行排除或维修。

1. 常见机械故障及处理办法

物料提升机使用过程中，常见的机械故障及其排除办法，参见表4—5。

表 4—5　　物料提升机常见机械故障及其排除办法

序号	故障现象	故障原因	处理办法
1	电动机及轴承过热	过载	减轻负载
		刹车带未完全松开	调整刹车带
		电动机散热差	检查风叶，清除电动机上的杂物
		轴承缺油、油不清洁	加油或换油
		轴承间隙过大或磨损严重	调整间隙或更换轴承
		线圈接地、短路、绝缘损坏等	查相电压、相电流，消除故障
2	制动失灵	石棉带磨损、铆钉脱落	换石棉带、铆固铆钉
		石棉带有油污	清除油污或换带
		电磁铁坏或线路故障	修、换电磁铁或线路
		石棉带与制动轮间隙大小不均	调整间隙
3	卷扬机有异常噪声、振动	润滑油不足或标号不对	加油或按标号换油
		齿轮磨损	检查更换齿轮
		轴承磨损	调整或更换轴承
		柱销螺母松动	紧固
		弹性圈磨损	更换
4	限位开关失灵	限位开关损坏或拨动杆变形	更换
5	标准节垂直度超差	附墙杆松动	调整、紧固
		标准节变形	更换标准节
6	导轨不准直	连接螺栓松动	调整、紧固
		导轨或长横杆构件变形	校正或更换构件

2. 电气故障及其排除办法

物料提升机常见电气故障及其排除方法，参见表 4—6。

表 4—6　　物料提升机常见电气故障及其排除办法

序号	故障现象	故障原因	排除方法
1	漏电开关跳闸	急停按钮未复位或损坏	复位或更换按钮
		短路	检查短路点并排除故障
		漏电	检查漏电点并排除故障
		漏电开关损坏	修理或更换
2	电源灯不亮	电源指示灯坏	更换指示灯
		36 V 变压器损坏	更换
		断相与相序继电器损坏	更换
		进线相序接错	调换进线相序
		熔芯烧断	更换同型号熔芯
3	电源指示灯亮，上下接触器均不吸合	楼层门开关未闭合	查找未闭合的楼层门并关闭
		围栏门开关未复位	复位
		停车按钮 TA 损坏	更换停车按钮
		热继电器动作或损坏	复位或更换
4	上行接触器不吸合而下行接触器吸合	下行接触器常闭触点不通	调换一组常闭触点
		上限位开关 SLX 开路	接通
		上升按钮 SA 损坏	修理或更换
		上行接触器 SC 损坏	修理或更换
		上行指示灯短路	修理或更换
5	下行接触器不吸合而上行接触器吸合	上行接触器常闭触点不通	调换一组常闭触点
		下限位开关 XLX 开路	接通
		下降按钮 XA 损坏	修理或更换
		下行接触器 XC 损坏	修理或更换
		下行指示灯短路	修理或更换
6	接触器有异声	磁铁接触面有油污或粉尘	除去油污、粉尘
		磁铁和线圈间隙变动	调整间隙并固定

续表

序号	故障现象	故障原因	排除方法
7	电动机过热	超载	保持不超载
		刹车过紧	调整刹车
		轴承损坏	更换轴承
		减速机缺油	加油
		减速机齿轮磨损	修理减速机
		供电系统电压不足	检修供电系统
		电源引进线或电动机引出线太细	更换至 $4mm^2$ 或以上
		控制箱上另接了其他用电设备	切除其他用电设备
8	显示器无亮光	电源未引入	引进电源
		插头未插好	插好插头
		熔丝熔断	更换熔丝
9	图像不清楚	对比度紊乱	调整对比度电位器
		摄像头脏	擦拭摄像头
		焦距紊乱	调整摄像头焦距
10	有图无声	音量电位器未开	打开音量开关
		监听器断线	查出断处，接好
		监听器损坏	更换监听器
11	有声无图	摄像头盖未打开	打开摄像头防护盖
		视频信号线断	查出断处，接好
		摄像头损坏	更换摄像头
12	有光栅无声、图	信号插头未插好	插好插头
		无直流电源	检修或更换直流电源
		信号线断开	找出断处，接好或更换新线
13	显示器电源信号灯亮，但无光栅	显示器损坏	更换显示器

续表

序号	故障现象	故障原因	排除方法
14	图像上、下抖动	场频电位器未调好	调整场频电位器
15	图像显示非目标物	摄像头角度偏移	调整角度并紧固螺钉

3. 物料提升机的维修保养应遵循的规定

物料提升机在进行维护保养或出现较为严重的故障由专业人员进行维修时，均应遵循以下规定：

（1）维修保养时，应将所有控制开关扳至零位，切断主电源，并在闸箱处挂“禁止合闸”标志，必要时应设专人监护。

（2）提升机处于工作状态时，不得进行保养、维修，排除故障应在停机后进行。

（3）更换零部件时，零部件必须与原部件的材质、性能相同，并应符合设计与制造标准。

（4）维修主要结构所用焊条及焊缝质量，均应符合原设计要求。

（5）维修提升机架体顶部时，应搭设上人平台，并符合现行行业标准 JGJ 80—1991《建筑施工高处作业安全技术规范》的有关规定。

（6）维修后的物料提升机，应进行试运转，确认一切正常后方可投入使用。

第五章

物料提升机常见事故隐患与预防措施

由于物料提升机具有结构简单，制造、安装和使用比较方便等特点，随着性能的不断提高，其在建筑施工中的使用越来越普遍。但因为安装、拆卸和使用不当而引发的各类事故，甚至是“机毁人亡”的重大事故也屡见不鲜。这些事故既有人为的因素造成的，也有设备的因素造成的。总结事故发生的教训，及时发现事故隐患，采取必要的预防措施，是避免事故发生的关键。

第一节　物料提升机常见事故隐患及预防措施

一、物料提升机安装、拆卸中常见的事故隐患

（1）基础处理不当。如混凝土强度、厚度、表面平整度不符合要求，或预埋件布置不正确等，影响了架体的垂直度和连接强度。

（2）缆风绳数量或布置不符合要求，绳端固定不规范，绳卡的数量、间距、方向及安全段的设置不符合规定等。

（3）架体或附墙架直接与脚手架连接。

（4）卷扬机的基础和固定不符合说明书或规范要求。

（5）提升钢丝绳拖地，且无保护措施。

（6）底部导向滑轮采用了拉板式开口滑车，可能造成脱绳。

（7）卷筒和滑轮的防钢丝绳脱绳装置未设置或设置不当。

（8）进料棚未按规定搭设，甚至不搭设。

（9）未安装某些安全装置或安装不规范。如上极限限位器的越程小于3 m，安全停靠装置和防坠装置未按规定要求进行试验和调整，导致使用时失灵。

（10）摇臂把杆安装不规范。如未设置保险绳和超高限位器等。

（11）提升机的金属结构和电气设备的金属外壳未按规定接地甚至不接地。

（12）提升机拆卸时不按规定顺序进行，不设置安全警戒区。

（13）内置式井架架体与楼层通道接口处，开口后未进行必要的加强，影响了架体的整体稳定。

（14）楼层通道不安装安全门或安全门残缺不全、设置不规范等。

（15）电气控制箱（盒）内，未按规定设置急停开关，可能造成出现意外情况时，不能立即切断电源。

（16）上料防护棚设置不规范，或未设置底层的三面安全围栏及安全门。

（17）未按规定设置限载标志、警示标牌等。

二、物料提升机使用和管理中常见的事故隐患

（1）物料提升机安装后未按规定程序验收即投入使用。

（2）钢丝绳出现严重磨损、断丝或损伤，未及时更换。

（3）提升卷扬机的制动瓦块严重磨损，未及时更换。

（4）联轴器的弹性圈磨损严重，未及时更换。

（5）吊篮安全门缺损或不可靠，底板破损，造成物料空中坠落伤人。

(6) 断绳保护装置和轨道清洁不及时，油污积聚导致防坠安全装置失灵。

(7) 通信装置失灵或使用不正确，导致司机和各楼层联系不畅。

(8) 司机未经专门培训，无证上岗操作。

(9) 使用人员未按规定进行班前检查和例行维护保养。

(10) 违规超载，载荷在吊篮中偏置，或物件超长等。

(11) 摇臂把杆使用不当。

(12) 吊篮违规载人。

(13) 无关人员违规进入底层防护围栏内，进入吊篮下方。

三、物料提升机常见事故隐患预防措施

物料提升机事故隐患的预防措施从事故的性质来看主要分为：人为事故的预防控制和设备事故的预防控制。

1. 人为事故的预防控制

控制和预防人为事故主要从人的安全心理、人的行为和人为事故规律、人的不安全行为三个方面着手。分析物料提升机的事故案例可以发现，人为事故占物料提升机事故的绝大多数。所以，消除人为事故隐患是预防和控制物料提升机事故的关键。预防控制人为事故就是要控制人的不安全行为。人的行为是由心理控制的，行为是心理活动结果的外在表现，因此，要控制人的不安全行为就应从人的心理、行为、管理等方面采取措施。

(1) 安全心理

1) 不安全的心理状态（包括物料提升机司机、上下物料的作业人员等的不安全心理状态）主要包括：骄傲自大、争强好胜；情绪波动，思想不集中；技术不熟练，遇险惊慌；盲目自信，思想麻痹；盲目从众，逆反心理；侥幸心理；惰性心理；无所谓心理；好奇心理；工作枯燥，厌倦心理；错觉，下意识心理；心理幻觉，近似差错；环境干扰，判断失误。

对于以上不安全的心理状态应采取具体的调适方法，主要从以下几个方面对物料提升机司机、上下物料的作业人员等有关人员进行控制：

成年人的心理状态，可以按照心理特征分为以下几种类型：活泼型、冷静型、急躁型、轻浮型和迟钝型。

根据事故统计分析，活泼型和冷静型人员的事故发生率较低，可以称为安全型；后三种中特别是轻浮型，其事故发生率较高，称为非安全型。

2）安全心理调适的一般方法

①注意司机、上下物料作业人员及其他有关人员的心理特征，特别要主要做好非安全型心理人员的转化工作，最好不允许非安全型人员操作物料提升机及进行上下物料的作业。

②加强现场物料提升机司机、上下物料的作业人员等有关人员心理品质锻炼。

③重视物料提升机司机、上下物料的作业人员等有关人员的心理疲劳。

④加强和改进安全教育，提高教育的效果。

3）情绪的控制与调节

①语言调节法。

②注意转移法。

③精神宣泄法。

④角色转换法。

⑤辩证思考法。

4）物料提升机司机、上下物料的作业人员等有关人员的性格调节。

（2）作业人员的行为与人为事故规律

人们在生产实践活动中的安全行为和不安全行为的产生，都是由人们的动机决定的，而人们的动机又是由需要引起的。其运动规律是：需要→动机→行为→结果。

人们在生产中的行为，随着时间的推移、需求的改变、外界的影响等，在不停地进行变化，其异常的变化将导致事故的发生。控制物料提升机司机、上下物料的作业人员等有关人员的行为主要有以下方法：

1）自我控制。自我控制，是指在认识到人的不安全意识具有产生不安全行为，导致人为事故的规律之后，为了保证自身在生产实践中的安全，改变不安全行为，控制事故的发生。

2）跟踪控制。跟踪控制，是指运用事故预测法，对已知具有产生不安全行为因素的人员，做好转化和行为控制工作。例如，对物料提升机违章人员要指定专人负责做好转化工作和进行行为控制，防止其异常行为的产生和发生事故。

3）安全监护。安全监护，是指对物料提升机司机、上下物料的作业人员等有关人员，指定专人对其生产行为进行安全提醒和安全监督。例如，上下物料时由一人开启安全停靠装置，另一人在其监视下到吊篮卸料。一般要有两人同时进行，一人操作，一人监护，防止误操作的事故发生。

4）安全检查。安全检查，是通过对物料提升机司机、上下物料的作业人员等有关人员的行为，进行各种不同形式的安全检查，从而发现并改变人的异常行为，控制人为事故的发生。

5）安全技术控制。安全技术控制是指运用安全技术手段控制物料提升机司机、上下物料的作业人员等有关人员的异常行为。例如：安装超高限位装置，能控制由于人的异常行为而导致的吊篮冒顶事故；卸料口防护门安装的联锁装置，能控制人为误操作而导致的事故等。

6）安全行为激励法。常用的激励方法有两种：

物质激励法：利用经济手段对物料提升机司机、上下物料的作业人员等有关人员进行奖罚。

精神激励的方法：精神激励是重要的激励手段，它通过满足作业人员的精神需要，在较高的层次上调动作业人员的安全生产积极性，其激励深度大，维持时间长。精神激励的方法一般有：①目标激励；②形象激励；③荣誉激励；④兴趣激励；⑤参与激励；⑥榜样激励。

2. 设备事故的预防控制

设备事故通常是设备处于不安全状态下继续使用造成的。设备不安全状态是指作用于设备上的实际参数值超过了设计或使用规定的值，使设备超载、限制措施失效或失控的状态。

物料提升机设备事故预防控制的要点是：

1）首先要做好物料提升机的选购和安装调试，使物料提升机达到安全技术要求，确保安全施工。

2）开展安全宣传教育和技术培训，提高物料提升机司机、上下物料的作业人员等有关人员的安全技术素质，使其掌握设备性能和安全使用要求，并要做到专机专用，为物料提升机安全运行提供人的素质保证。

3）要为物料提升机安全运行创造良好的条件，如为安全运行保持良好的环境，安装必要的安全防护、保险装置、防潮、防腐等设施，以及配备必要的监视装置等。

4）配备熟悉物料提升机性能，会操作、懂管理的人员，要做到持证上岗，禁止违章操作。

5）按物料提升机的故障规律，定好检查、试验、修理周期，并要按期进行检查、试验、修理。

6）要做好物料提升机在运行中的日常维护保养。

7）要做好物料提升机在运行中的安全检查，做到及时发现问题，及时加以解决，使之保持安全运行状态。

8）建立物料提升机管理档案、台账，做好事故调查和讨论分析，制定保证物料提升机安全运行的安全技术措施。

9）建立、健全物料提升机使用操作规程和管理制度及责任制，用以指导物料提升机的安全管理，保证设备的安全运行。

第二节 物料提升机事故案例分析

一、使用不合格物料提升机吊篮坠落事故

1．事故过程

某建筑工程项目经理安排工人在物料提升机拆除之前，使用物料提升机进行落水管安装。当晚，5 名作业人员加班。4 人安装落水管，一人无操作证操作物料提升机。4 名作业人员从第 17 层处进入物料提升机吊篮开始安装落水管，当安装到第 12 层（距地面 32 m）时，他们边安装边让物料提升机操作人员将吊篮再提升一点，当司机提升吊篮过程中，提升钢丝绳脱槽，钢丝绳被拉断。由于该提升机无断绳保护装置，当钢丝绳被拉断后，吊篮随即坠落地面，正在吊篮内作业的 4 名人员随吊篮一同坠落地面，造成 3 人死亡，1 人重伤。

2．事故原因分析

（1）物料提升机吊篮内载人作业，是《龙门架及井架物料提升机安全技术规范》（JGJ 88—2010）中严令禁止的。而该项目经理违章指挥，安排作业人员进入提升机吊篮内进行作业。

（2）按照井架及龙门架物料提升机安全技术规范的规定，物料提升机必须有设计方案、图样、计算书，并有合格证。本案的物料提升机由施工企业自己制作，既不按规范进行设计和绘制施工图，又无断绳保护等安全保护装置，当钢丝绳被拉断后，吊篮随即坠落地面。

（3）物料提升机安装不合格，导致钢丝绳与滑轮磨损，造成轮缘破损，运行中钢丝绳脱槽，被拉断。

（4）施工单位管理混乱，设备管理制度不健全，安装后未

验收，使用中未检查维修。

（5）物料提升机司机属特种作业人员，应按规定持特种作业操作资格证书上岗，而此案中操作人员未经培训，无证上岗，冒险蛮干。

3. 预防措施

（1）施工单位主要负责人和项目负责人应加强有关安全生产法律法规和技术规范的学习，提高法制观念，防止出现违章指挥现象。

（2）施工单位在选用物料提升机等起重机械设备时应查验制造许可证、产品合格证、制造监督检验证明、产权备案证明，技术资料不齐全的不得使用。

（3）施工单位应加强起重机械管理，起重机械安装前制定方案，安装工程严格按方案规定的工艺及顺序进行安装作业，安装完毕按规定进行调试、检验和验收。

（4）特种作业人员必须接受专门安全技术培训，考核合格后持证上岗。

二、违规固定滑轮致使吊篮坠落事故

1. 事故过程

某建筑工地，在搭设井架物料提升机过程中，为图省力，2名作业人员乘坐在吊篮内，进行架体向上搭设。架体底部的导向滑轮采用了扣件固定，因扣件脱落，钢丝绳弹出，又由于未安装防坠安全装置，吊篮失控，导致吊篮内2名作业人员死亡。

2. 事故原因

（1）物料提升机违规载人是造成本案中人员死亡的主要原因。

（2）导向滑轮应采用可靠的刚性连接，而扣件连接的可靠性差，连接的强度及刚度均不能保证，尤其是在受拉力作用时，易发生滑移、松脱甚至断裂，这是导致事故发生的直接原因。

（3）在尚未安装防坠安全装置的情况下，违规提升吊篮。

3. 预防措施

（1）物料提升机安装作业应制定安装作业方案，安装作业前，应对参与作业人员进行安全教育和技术交底。

（2）严格按照安装顺序和工艺进行操作。

（3）严禁物料提升机载人运行。

（4）物料提升机滑轮应采用稳固、可靠的刚性连接，不得随意替换连接部件。

（5）加强安全教育，提高作业人员的安全意识。

三、疏于维修和保养致使物料提升机吊篮坠落伤人事故

1. 事故过程

某建筑安装工程有限公司承建的某工地发生一起龙门架吊篮坠落死亡1人的事故，发生事故当天由1名无证上岗人员操作卷扬机，该物料提升机无吊篮停靠装置，断绳保护装置失灵，操作工将吊篮提升至三层楼层卸料口处，1名工人在吊篮上接料的过程中，由于钢丝绳突然折断致使吊篮失控，接料的工人随吊篮坠落至地面，经抢救无效死亡。

2. 事故原因

（1）该提升机长久失修，钢丝绳未及时更换，安全装置不齐全，操作人员无证上岗，违章操作，是发生事故的主要原因。

（2）施工企业和项目部疏于对提升机设备的管理，检查不到位，对工人未真正开展安全教育，致使设备存在隐患，是发生事故的重要原因。

3. 预防措施

（1）应建立、健全物料提升机日常和定期维护保养制度以及检查制度，并严格按制度执行。

（2）加强现场管理和监督检查，对现场发现的安全隐患，

要及时消除，避免发生重大事故，要时刻提醒作业人员提高安全意识。

(3) 积极组织司机参加技术培训和复审验证，不断提高技能和安全知识，使之自觉杜绝和抵制违章作业。

四、违规拆除缆风绳导致特大井架垮塌事故

1. 事故过程

某市一建筑工地，在完成结构封顶后，施工方为图作业方便，在井架物料提升机拆卸前两天，违规拆除了井架同方向的两根缆风绳，事后既未采取辅助的稳固措施，也未及时恢复缆风绳，导致井架失稳垮塌，发生一起特大井架安全事故，造成22人死亡，10人受伤。

2. 事故原因分析

(1) 违规作业。该井架北侧两根缆风绳在事故前两天被拆除，导致井架失去稳定性；所有工人都在井架的一侧施工，使架体受力不稳。这是发生事故的主要原因。

(2) 施工单位及项目部疏于安全管理，对工人未进行安全教育，未按操作规程施工，对现场管理不到位，负有管理责任。

(3) 施工单位无资质施工，使用的工人无证上岗，工人存在违章操作行为。

(4) 自制井架，且井架安装后未经有关部门对井架的质量和安全性能进行检查验收即投入使用。

(5) 现场未配备专职安全员，对该工程疏于管理，无拆除井架施工方案且未对工人进行安全技术交底，对有关责任人的违章指挥和工人的野蛮施工不予以制止，施工单位负有管理责任；监理人员未履行职责，负有监理责任。

3. 预防措施

(1) 物料提升机拆除前应制定相应的拆卸方案，施工前，应对作业人员进行安全技术交底。要避免拆卸作业中的随意性，

严格按照拆卸顺序和工艺进行操作。

（2）对施工单位的资质、作业人员的上岗证进行严格的审查，是安全装拆的重要保证。

（3）认真执行安装验收制度，未达到要求的，必须按规程整改合格后，方可投入使用。

（4）加强现场管理和监督检查，尤其是在提升机安装和拆卸阶段，要及时发现和制止不安全的作业行为，时刻提醒作业人员提高安全意识。

附录一　建筑起重机械司机（物料提升机）安全技术考核大纲（试行）

1.1　安全技术理论

1.1.1　安全生产基本知识

1　了解建筑安全生产法律法规和规章制度
2　熟悉有关特种作业人员的管理制度
3　掌握从业人员的权利义务和法律责任
4　熟悉高处作业安全知识
5　掌握安全防护用品的使用
6　熟悉安全标志、安全色的基本知识
7　了解施工现场消防知识
8　了解现场急救知识
9　熟悉施工现场安全用电基本知识

1.1.2　专业基础知识

1　了解力学基本知识
2　了解电工基本知识
3　熟悉机械基础知识

1.1.3 专业技术理论

1 了解物料提升机的分类、性能
2 熟悉物料提升机的基本技术参数
3 了解力学的基本知识、架体的受力分析
4 了解钢桁架结构基本知识
5 熟悉物料提升机技术标准及安全操作规程
6 熟悉物料提升机基本结构及工作原理
7 熟悉物料提升机安全装置的调试方法
8 熟悉物料提升机维护保养常识
9 了解物料提升机常见事故原因及处置方法

1.2 安全操作技能

1.2.1 掌握物料提升机的操作技能
1.2.2 掌握主要零部件的性能及可靠性的判定
1.2.3 掌握常见故障的识别、判断
1.2.4 掌握紧急情况处置方法

附录二　建筑起重机械司机（物料提升机）安全操作技能考核标准（试行）

1. 物料提升机的操作

1.1　考核设备和器具

（1）设备：物料提升机 1 台，安装高度在 10 m 以上、25 m 以下；

（2）砝码：在吊笼内均匀放置砝码 200 kg；

（3）其他器具：哨笛 1 个，计时器 1 个。

1.2　考核方法

根据指挥信号操作，每次提升或下降均需连续完成，中途不停。

（1）将吊笼从地面提升至第一停层接料平台处，停止；

（2）从任意一层接料平台处提升至最高停层接料平台处，停止；

（3）从最高停层接料平台处下降至第一停层接料平台处，停止；

（4）从第一停层接料平台处下降至地面。

1.3　考核时间：15 min。

1.4　考核评分标准

满分 60 分。考核评分标准见表 1。

表 1　　　　　　　　　　　　考核评分标准

序号	扣分项目	扣分值
1	启动前，未确认控制开关在零位的	5 分
2	启动前，未发出音响信号示意的	5 分/次
3	运行到最上层或最下层时，触动上、下限位开关的	5 分/次
4	未连续运行，有停顿的	5 分/次
5	到规定停层未停止的	5 分/次
6	停层超过规定距离 ±100 mm 的	10 分/次
7	停层超过规定距离 ±50 mm，但不超过 ±100 mm 的	5 分/次
8	作业后，未将吊笼降到底层的，未将各控制开关拨到零位的，未切断电源的	5 分/项

2. 故障识别判断

2.1　考核设备和器具

（1）设置安全装置失灵等故障的物料提升机或图示、影像资料；

（2）其他器具：计时器 1 个。

2.2　考核方法

由考生识别判断物料提升机或图示、影像资料设置的安全装置失灵等故障（对每个考生只设置两种）。

2.3　考核时间：10 min。

2.4　考核评分标准

满分 10 分。在规定时间内正确识别判断的，每项得 5 分。

3. 零部件判废

3.1　考核设备和器具

（1）物料提升机零部件（钢丝绳、滑轮、联轴节或制动器）实物或图示、影像资料（包括达到报废标准和有缺陷的）；

（2）其他器具：计时器 1 个。

3.2　考核方法

从零部件的实物或图示、影像资料中随机抽取 2 件（张），判断其是否达到报废标准（缺陷）并说明原因。

3. 3　考核时间：10 min。

3. 4　考核评分标准

满分 20 分。在规定时间内能正确判断并说明原因的，每项得 10 分；判断正确但不能准确说明原因的，每项得 5 分。

4. 紧急情况处置

4.1　考核设备和器具

（1）设置电动机制动失灵、突然断电、钢丝绳意外卡住等紧急情况或图示、影像资料；

（2）其他器具：计时器 1 个。

4. 2　考核方法

由考生对电动机制动失灵、突然断电、钢丝绳意外卡住等紧急情况或图示、影像资料中所示的紧急情况进行描述，并口述处置方法。对每个考生设置一种。

4. 3　考核时间：10 min。

4. 4　考核评分标准

满分 10 分。在规定时间内对存在的问题描述正确并正确叙述处置方法的，得 10 分；对存在的问题描述正确，但未能正确叙述处置方法的，得 5 分。

参 考 文 献

［1］编委会．起重工快速入门．北京：北京理工大学出版社，2010

［2］张应立．起重工．北京：化学工业出版社，2007

［3］成志才，黄璟一．起重工（第二版）．北京：化学工业出版社，2008

［4］袁智骏，周月仙．起重工（基础知识）．北京：中国电力出版社，2005

［5］薛标．安装起重工（中级）．北京：中国劳动社会保障出版社，1999

［6］薛标．安装起重工（高级）．北京：中国劳动社会保障出版社，1999

［7］杨文渊．起重吊装常用数据手册．北京：人民交通出版社，2002

［8］施立生．建筑物料提升机技术与管理．合肥：安徽科技出版社，2008

［9］住房和城乡建设部工程质量安全监管司．特种作业人员安全技术—物料提升机司机．北京：中国建筑出版社，2009

［10］住房和城乡建设部工程质量安全监管司．特种作业人员安全技术—物料提升机安装拆卸工．北京：中国建筑出版社，2009

［11］罗顶瑞，吕嘉宾．起重工．北京：机械工业出版社，2008

［12］钱夏夷，李向东等．起重作业技巧与禁忌．北京：机械工业出版社，2008

[13] 吕嘉宾，马记．起重工（高级）．北京：机械工业出版社，2006

[14] 石生，韩肖宁．电路基本分析．北京：高等教育出版社，2002

[15] 华玉洁．起重机械与吊装．北京：化学工业出版社，2006

[16] 施立生．建筑用塔式起重机技术与管理．合肥：安徽科技出版社，2008